大气污染防治与生态文明建设系列丛书

激光雷达技术在城市臭氧污染立体观测中的应用

张丽娜 秦 龙 王妍溪 编著

天津大学出版社
TIANJIN UNIVERSITY PRESS

内容摘要

本书以臭氧污染探测激光雷达技术为基础,结合城市臭氧污染监测能力与臭氧污染控制现行环境管理现状,通过臭氧污染立体观测与臭氧污染模型模拟技术相结合的方法,从时空尺度探讨了臭氧污染的特征,研究了高空臭氧污染对环境空气质量的影响,分析了臭氧污染的光化学敏感性特征,探讨了适应现有空气质量监测能力、可操作性强的臭氧污染综合分析方法,并提出了城市臭氧污染防治建议。

本书共分为 5 章,主要内容包括概述,臭氧污染探测激光雷达技术,基于激光雷达技术的臭氧污染立体观测研究,以激光雷达、数值模拟技术为基础的臭氧污染综合分析方法研究,城市臭氧污染管控策略及建议等内容。

本书可供高等院校、科研院所及环境管理部门从事大气污染控制与管理工作的科研人员参考,也可作为高等院校环境工程、环境管理等专业的教学参考书。

图书在版编目(CIP)数据

激光雷达技术在城市臭氧污染立体观测中的应用 / 张丽娜, 秦龙, 王妍溪编著. -- 天津 : 天津大学出版社, 2024. 9. -- (大气污染防治与生态文明建设系列丛书). ISBN 978-7-5618-7821-7

Ⅰ. X51

中国国家版本馆CIP数据核字第2024YN7128号

出版发行	天津大学出版社
地　　址	天津市卫津路92号天津大学内(邮编:300072)
电　　话	发行部:022-27403647
网　　址	www.tjupress.com.cn
印　　刷	北京虎彩文化传播有限公司
经　　销	全国各地新华书店
开　　本	710mm×1010mm　1/16
印　　张	6
字　　数	103千
版　　次	2024年9月第1版
印　　次	2024年9月第1次
定　　价	34.00元

《激光雷达技术在城市臭氧污染立体观测中的应用》

编 委 会

前　言

本书结合城市臭氧污染观测与环境管理现状,针对高空臭氧污染观测能力不足的问题,开展了臭氧污染立体观测与综合分析方法研究。本书系统介绍了激光雷达技术在臭氧污染观测中的应用情况,以及作者研究团队在臭氧污染垂直分布特征、高空臭氧污染对近地面空气质量的影响、臭氧污染综合分析方法等方面取得的研究成果。本书共分为5章。第1章为概述,介绍了臭氧污染的健康风险、控制现状和监测能力现状等。第2章为臭氧污染探测激光雷达技术,介绍了激光雷达技术的原理及应用、常见的激光雷达臭氧探测技术、差分吸收激光雷达进行臭氧观测的基本原理及其在臭氧污染观测中的应用。第3章为基于激光雷达技术的臭氧污染立体观测研究,概述了臭氧污染的垂直分布特征,统计了高空臭氧垂直对流现象的出现频率,分析了这一现象对近地面空气质量的影响,研究了高空臭氧垂直对流现象与主导风向间的关系等。第4章为以激光雷达、数值模拟技术为基础的臭氧污染综合分析方法研究,介绍了基于观测的臭氧污染模型、光化学反应及高空臭氧污染对空气质量的影响、臭氧污染光化学敏感性分析等。第5章为城市臭氧污染管控策略及建议,基于作者研究团队获得的各项臭氧污染观测与分析研究成果,提出了有针对性的建议。

本书编写工作是在天津市科技计划项目"大气臭氧污染在线全自动取样检测平台建设"(17ZYPTTG00020)等相关科研项目的成果的基础上逐步开展的。本书作者及研究团队在城市臭氧污染的立体观测、数值模拟、臭氧及其前体物的溯源技术与臭氧污染防治技术等方面有着丰富的研究经验,对相关问题有独到的认识与理解。此外,作者编写本书时还参考了大量国内外学者的研究成果。在此衷心感谢各位前辈、同事和同行的大力帮助和支持。

本书可供高等院校、科研院所及环境管理部门从事大气污染控制与管理工作的科研人员参考,也可作为高等院校环境工程、环境管理等专业的教学参考书。

由于作者水平有限,书中难免有各种错误,在此敬请各位读者谅解。我们真诚地希望广大读者和同行能对本书提出中肯的改进意见和建议。

目　　录

第1章 概述

臭氧(O_3)是对流层中典型的二次污染物,是在挥发性有机物(VOCs)与氮氧化物(NO_x)等前体物的存在下,通过一系列复杂的大气光化学反应而形成的。同时,臭氧也是大气羟基自由基的重要前体物,是衡量大气氧化性、大气反应活性的一种标志性组分。人类短期或长期暴露在臭氧污染环境中,会受到一系列不良的健康影响,包括炎症标志物水平、血压、血糖等升高,非意外死亡率升高,以及呼吸系统、心血管系统疾病的发病率和死亡率升高等。此外,臭氧对动植物及整个生态环境会造成严重的危害,其导致的温室效应对于全球辐射平衡与气候变化也具有不容忽视的影响。

近年来,随着我国实施严格的污染物减排策略,环境空气质量整体持续改善,$PM_{2.5}$浓度持续降低。但与此同时,全国多地夏季臭氧污染呈现快速加重趋势,臭氧浓度大幅升高。臭氧浓度虽在2019—2021年出现了连续3年的下降,但自2022年以来出现明显的反弹,同时,以臭氧为首要污染物的超标天数超过$PM_{2.5}$,夏季臭氧污染问题已成为未来我国推动环境空气质量持续改善过程中的一项重要挑战。

近地面臭氧污染除了源自本地光化学过程、上风向臭氧及其前体物的水平传输,还有对流层或平流层臭氧的输入。研究表明,对流层或平流层臭氧的输入对臭氧污染具有不可忽视的影响。自2013年开始,我国各主要城市按照《环境空气质量标准》(GB 3095—2012)开展了对O_3、NO_x等6项污染物的长期连续监测,并在部分点位开展了VOCs成分的在线监测。环保工作者围绕近地面臭氧污染的形成机制、来源解析、污染防治策略等问题进行了一系列深入的研究。然而,考虑到我国面临的臭氧污染的严峻形势,已建成的近地面臭氧监测网络尚不能满足空气质量评估的需求,开展对流层臭氧时空分布特征的连续监测,研究高空臭氧的垂直扩散对近地面空气质量的影响,建立健全规范化、统一化的立体监测网络已逐渐成为城市臭氧污染监测与环境管理的迫切需求,这对于准确掌握臭氧污染的变化趋势、提高模式预测的准确性和可靠性、制定合理的臭氧污染控制方案、加快推进生态文明建设具有重要的意义。

1.1 臭氧污染的等级划分

现行的空气质量相关标准对臭氧污染的程度进行了详细的划分。根据《环境空气质量标准》(GB 3095—2012),对于一类和二类环境空气功能区,分别以臭氧日最大8小时平均浓度(Maximum Daily 8-Hour Average, MDA8)超过100 μg/m³、160 μg/m³作为臭氧浓度超标的判定依据;根据《环境空气质量指数(AQI)技术规定(试行)》(HJ 633—2012),臭氧的空气质量分指数(IAQI)及对应的臭氧浓度限值如表1-1所示。

表1-1 臭氧的空气质量分指数及对应的臭氧浓度限值

臭氧(O_3)空气质量分指数	臭氧(O_3)1小时平均浓度/(μg/m³)	臭氧(O_3)8小时滑动平均浓度/(μg/m³)
0	0	0
50	160	100
100	200	160
150	300	215
200	400	265
300	800	800
400	1 000	*
500	1 200	*

注: *指臭氧(O_3)8小时平均浓度值高于800 μg/m³的,不再进行其空气质量分指数计算,臭氧(O_3)空气质量分指数按1小时平均浓度计算的分指数报告。

1.2 臭氧污染的健康风险

臭氧污染的健康风险是社会公众与相关研究者关注的一个热点领域,研究者开展了臭氧污染引起的健康效应影响及暴露风险评估,量化了臭氧污染给人体健康和社会生产生活带来的危害,这能够指导环境管理部门与社会公众采取相应的防范措施,主动降低臭氧污染造成的不利影响。

1.2.1　急性健康效应

相关研究表明,人类短期暴露在臭氧污染环境中,会受到一系列不良的健康影响,包括炎症标志物水平、血压、血糖等升高,非意外死亡率升高,以及呼吸系统、心血管系统疾病的发病率和死亡率升高等。McDonnell 等发现臭氧暴露对呼吸系统和肺功能具有不利影响。Devlin 等通过随机交叉实验,发现短时间的臭氧暴露会导致血管炎症标志物和纤溶标志物增加以及自主心律的变化。Jerrett 等使用标准和多线性 Cox 回归模型评估臭氧浓度与死亡风险之间的关联程度,发现心肺疾病死亡风险与 $PM_{2.5}$ 和臭氧两种污染物的浓度存在显著的相关性。Zhang 等在江苏省开展了 $PM_{2.5}$ 与臭氧暴露的疾病负担研究,结果表明,臭氧浓度每升高 10 μg/m³,会导致相关心血管疾病的死亡风险增加 0.983%(95% CI: 0.588%~1.377%)。Li 等发现,短期臭氧暴露的 3 天滞后效应最大,会导致非意外总死亡的寿命损失年增加 0.37%,心血管疾病相关的寿命损失年增加 0.36%,呼吸系统相关的寿命损失年增加 0.36%。

1.2.2　慢性健康效应

一般认为,臭氧污染的长期暴露与心血管疾病和呼吸系统疾病存在相关性。Scott 等通过双污染物模型,发现臭氧污染的长期暴露与呼吸系统疾病的死亡风险相关,臭氧浓度每升高约 21.4 μg/m³,死亡风险将增加 1.04%(95% CI: 1.010%~1.067%)。Turner 等的研究也证实长期的臭氧污染暴露会增加呼吸和循环系统疾病的死亡风险。Liu 等通过 WRF-CMAQ 模型,结合空气质量实际监测数据,分析了我国近地面臭氧及其暴露水平的分布情况,并统计了 2015 年我国因臭氧污染导致的慢性阻塞性肺炎的死亡人数及分布情况。Huang 等计算了全国 74 个重点城市在 2013—2017 年间,归因于臭氧的超额死亡数及与臭氧暴露相关的疾病寿命损失变化情况。陈菁等基于北京市 2014—2020 年环境空气质量监测结果,发现随着北京市臭氧污染问题日益突出,到 2019 年与臭氧污染相关的疾病超额死亡率已经超过 $PM_{2.5}$，臭氧已成为危害北京市居民健康的首要污染物。

1.3 臭氧污染控制现状

我国的大气污染防治工作，经历了酸雨治理、颗粒物污染防治、复合型大气污染防治等多个阶段。在"十二五"时期之前，我国臭氧污染监测基础较为薄弱，相关研究表明，1995—2010 年中国的近地面臭氧浓度年平均值在 $43\sim129~\mu g/m^3$。从"十二五"时期开始，复合型大气污染问题对我国空气质量的影响日益显著。为此，我国在 2011—2012 年接连发布了《国家环境保护"十二五"规划》《重点区域大气污染防治"十二五"规划》等文件，将臭氧污染纳入大气污染防治工作，提出重点治理区域要加强对以臭氧污染、细颗粒物污染等为核心的复合型大气污染的控制，在重点区域开展臭氧、细颗粒物等污染物监测。同期，我国在修订的《环境空气质量标准》（GB 3095—2012）中，增设了臭氧日最大 8 小时平均浓度限值，为臭氧污染的防治制定了初步的控制目标。

2013 年以来，我国颁布了《大气污染防治行动计划》等一系列政策文件，开启了大气环境治理的新篇章，持续削减多种污染物的排放水平，不断推动环境空气质量的整体改善。《大气污染防治行动计划》提出，到 2017 年，全国地级及其以上城市可吸入颗粒物浓度比 2012 年下降 10%以上，优良天数逐年提高；京津冀、长三角、珠三角等区域的细颗粒物浓度分别下降 25%、20%、15%左右。在对各项源类进行严格减排的背景下，2017 年全国 338 个地级及其以上城市 PM_{10} 平均浓度比 2013 年下降 22.7%，京津冀、长三角、珠三角等重点区域的 $PM_{2.5}$ 平均浓度比 2013 年分别下降 39.6%、34.3%、27.7%。但与此同时，全国多地夏季臭氧浓度却呈现逐年升高趋势，以臭氧污染为代表的光化学污染呈快速加重态势。2013—2015 年北京、成都、广州、上海等主要城市的臭氧日最大 8 小时平均浓度普遍上升了 12%~34%，其中，北京、上海 2015 年臭氧超标日数甚至超过全年污染超标日数的 45%。2013—2017 年 74 个主要城市的臭氧日最大 8 小时平均浓度由 139 μg/m³ 升高到 167 μg/m³,年均增幅约为 4.7%,其中京津冀地区的臭氧日最大 8 小时平均浓度第 90 百分位数的年均增幅达到 11.3 μg/m³,显著高于长三角(7.4 μg/m³)、珠三角(3.3 μg/m³)地区。

为了应对近年来日益凸显的复合型大气污染问题,2016 年国务院发布了《"十三五"生态环境保护规划》,从前体物 VOCs 与 NO_x 协同管控的角度出发,强化对臭氧污染控制的要求,规定 NO_x、重点地区重点行业 VOCs 排放总量分别减少 15%、10%。2018 年国务院发布的《打赢蓝天保卫战三年行动计划》提出,到 2020 年,二氧化硫(SO_2)、NO_x 排放总量分别比 2015 年下降 15%以上,重点区域 SO_2、NO_x、颗粒物、VOCs 全面执行大气污染物特别排放限值,进一步明确了 VOCs、NO_x 等臭氧污染前体物的控制目标。

此后,我国先后发布了《重点行业挥发性有机物削减行动计划》《"十三五"挥发性有机物污染防治工作方案》《重点行业挥发性有机物综合治理方案》《2020 年挥发性有机物治理攻坚方案》等一系列文件,将 VOCs 治理攻坚作为 $PM_{2.5}$ 和臭氧污染协同治理的重要抓手,在推动源头替代、强化无组织排放管控、提升 VOCs 综合治理效率、深入实施精细化管控、促进产业绿色发展、强化油品储运销监管、完善监测监控体系、加大政策支持力度以及宣传教育引导等方面,提出了全面加强工业源 VOCs 治理攻坚的一系列要求,同时对于移动源、生活源 VOCs 也提出了相应的治理要求。其间,我国 300 余个地级及其以上城市的臭氧日最大 8 小时平均浓度第 90 百分位数在 2018 年达最大值(151 μg/m³),随后在 2019—2021 年逐渐下降到 137 μg/m³。但在 2022 年受到不利气象条件及复产复工的影响,该值再次升高到 145 μg/m³,较 2021 年升高 5.8%,同时以臭氧为首要污染物的超标天数超过 $PM_{2.5}$,臭氧污染逐渐成为影响空气质量优良天数比例的最大制约因素。从整体来看,我国的臭氧污染防治形势依然十分严峻,一方面,臭氧污染季的持续时间明显延长,每年臭氧污染的开始时间和结束时间分别明显提前和推后,春秋季臭氧污染问题明显加重;另一方面,臭氧污染程度明显加重、污染范围明显扩大,部分城市出现了臭氧中度污染甚至是重污染。

目前,我国大气污染防治的基本思路,已逐渐从降低 $PM_{2.5}$ 浓度和减少重污染天气为主要目标,向 $PM_{2.5}$ 和臭氧污染协同防控的方向转变,针对两项污染物的共同前体物 VOCs 和 NO_x 的管控力度明显增强。在现阶段,我国大范围地区在夏季仍然面临较为严重的臭氧污染问题,这也是下一阶段我国推动环境空气质量持续改善所面临的一项重要挑战。

1.4　城市臭氧污染监测能力现状

准确掌握臭氧污染的来源、现状与变化情况,是开展臭氧污染针对性治理的重要前提。为此,我国大力开展臭氧污染相关监测能力建设,一方面建立了臭氧及相关污染物的监测方法,另一方面在全国超过 300 个地级市构建了大范围、标准统一的臭氧污染监测网络,为臭氧污染的科学防治提供了重要的支撑。

环境空气中臭氧浓度的监测方法主要包括靛蓝二磺酸钠分光光度法、紫外光度法、化学发光法、差分吸收光谱法等。1995 年,国家发布了《环境空气 臭氧的测定 靛蓝二磺酸钠分光光度法》和《环境空气 臭氧的测定 紫外光度法》,并分别于 2009 年和 2010 年对二者进行了修订,用于规范环境空气中臭氧的测定方法。2021 年,生态环境部发布了《环境空气 臭氧的自动测定 化学发光法》(HJ 1225—2021),利用臭氧与过量 NO 的化学发光反应对臭氧浓度进行测定。在各种测定方法中,靛蓝二磺酸钠分光光度法可用于手工监测,化学发光法可用于自动监测,紫外光度法既可用于手工监测,也可用于自动监测。此外,针对臭氧污染前体物 VOCs 与 NO_x,我国也发布了《环境空气 65 种挥发性有机物的测定 罐采样/气相色谱-质谱法》(HJ 759—2023)、《环境空气 氮氧化物的自动测定 化学发光法》(HJ 1043—2019)等相关标准。

2012 年,我国颁布了《环境空气质量标准》(GB 3095—2012),该标准增加了臭氧日最大 8 小时平均浓度、 $PM_{2.5}$ 等指标,旨在更加客观准确地反映中国的空气质量状况。自 2013 年开始,我国京津冀、长三角、珠三角重点区域城市以及各直辖市、省会城市、计划单列市等共计 74 个城市按照《环境空气质量标准》(GB 3095—2012)

开展了对臭氧等 6 项污染物的长期连续监测。以作者所在的天津市为例,自 2013 年起,天津市已在各行政区内建立了环境空气质量在线监测系统,能够实现对近地面臭氧及其前体物 NO、NO_2、CO 等污染物的连续在线监测。近年来,天津市在部分点位同步开展了 VOCs 主要成分的在线监测。目前,天津市能够对近地面臭氧及其相关前体物的污染水平进行较为全面的监测。

近地面臭氧污染的来源,除了本地光化学过程、上风向臭氧及其前体物的水平传输外,还有对流层或平流层的臭氧在垂直方向的输入。相关研究表明,高空臭氧在一定的大气条件下,可以向下输送到近地面,导致局部地区臭氧浓度快速升高,由此导致的臭氧污染日变化特征并不明显,臭氧浓度峰值出现的时间与午后光化学反应最强的时间往往并不相符。基于数值模拟分析的研究表明,高空臭氧可以通过垂直对流扩散到近地面,对日间臭氧浓度峰值的贡献可超过 50%。然而,已有的空气质量监测系统仅能对近地面臭氧污染情况进行监测,而对于高空的臭氧污染物,依靠气象铁塔能够对某些固定高度层的臭氧污染情况进行一定的探测,但对于高空臭氧污染的整体变化情况,尚未建立长期且更为精细的观测机制。

1.5 臭氧污染立体观测现状

近年来,臭氧污染已由少量城市的臭氧超标问题,逐步演变为大范围、多个城市组成的群普遍面临的区域性环境问题。为了应对我国臭氧污染的严峻形势,环保工作者围绕近地面臭氧污染的形成机制、来源解析、污染防治策略等问题进行了一系列深入的研究。然而,受到高空臭氧精细观测能力不足的限制,科研工作者对高空臭氧污染现状及其对近地面空气质量的影响进行监测分析存在一定的局限,导致臭氧污染特征研究与防治工作存在明显短板。

目前,对臭氧污染的观测研究主要集中在近地面与平流层臭氧的分布、浓度变化情况两个方面,但针对对流层(特别是边界层)臭氧的垂直分布特征与变化规律的研究相对较少。对于分布在对流层内的高空臭氧污染物,可以通过臭氧探空法、卫星被动遥感技术或激光雷达主动遥感技术进行探测。臭氧探空法在20世纪60年代后逐渐成为高空臭氧探测的有力手段,能够对距近地面35 km的平流层内的臭氧浓度进行准确探测,但该方法对后勤保障的要求较为苛刻,且无法实现对污染物的连续观测,难以有效掌握高空臭氧的日变化规律。卫星被动遥感技术能够对大尺度区域内的对流层及平流层臭氧柱进行探测,为研究全球臭氧污染的整体演变情况提供了可行的技术手段。研究者应用星载红外大气探测干涉仪(IASI)对我国华北平原上空臭氧柱浓度进行长期观测,结果表明,2013—2016年臭氧柱浓度平均每年以1.2%的速度下降,这一现象是由气象条件与我国污染减排政策共同作用形成的。但卫星被动遥感技术由于探测的时间和空间分辨率(简称时空分辨率)低,且仅能反演得到臭氧柱浓度,目前尚难实现高时空分辨的精细化臭氧浓度观测。此外,在应用不同的星载探测器对全球臭氧柱浓度进行反演时,由于解析算法存在差异,有时会获得相互矛盾的反演结果。目前,通过该技术进行臭氧浓度的反演,仍需要开展更为深入的研究。与上述两种技术相比,激光雷达主动遥感技术具有更高的时空分辨率,更适合在同一地区开展臭氧浓度垂直分布情况的连续观测。近年来,激光雷达技术在臭氧遥感探测领域受到了广泛的关注,其中差分吸收激光雷达(DIAL)技术通过检测臭氧对不同波长激光的吸收差异,能够对对流层臭氧浓度的垂直廓线进行有效探测。该技术由于具有时空分辨率高、探测范围广、实时在线等优势,在对流层臭氧污染时空分布特征的观测研究中得到了广泛应用。

　　基于前文所述,针对我国面临的臭氧污染的严峻形势,已建成的近地面臭氧监测网络尚不能满足空气质量评估的需求。开展对流层臭氧时空分布特征的连续观测,研究高空臭氧的垂直扩散对近地面空气质量的影响,对于准确掌握臭氧污染的变化趋势,完善和提高模式污染预报的准确性,制定合理的臭氧污染控制方案,推进生态文明建设有着重要的意义。

第 2 章　臭氧污染探测激光雷达技术

本章旨在讨论臭氧污染探测激光雷达技术,从大气激光雷达探测原理、激光雷达基本系统和结构出发,对激光雷达技术进行简要介绍,并对不同污染探测领域的主要应用方向进行梳理。本章重点对常见的激光雷达臭氧探测技术进行归纳,介绍差分吸收激光雷达进行臭氧观测的基本原理,进一步总结差分吸收激光雷达在臭氧污染观测中的应用。

2.1　激光雷达技术概述

激光雷达是以激光器为发射光源,采用光电探测技术进行主动遥感的一类探测设备。激光雷达技术广泛应用于目标探测、地质勘探、工业自动化、环境监测、自动驾驶、智能交通、地形测绘和建筑测量、安防监控等领域。在大气环境探测领域,激光雷达主动发射激光,激光与大气组分发生各种相互作用,这些相互作用能够产生包含大气中原子、分子、气溶胶粒子和云等信息的辐射信号,激光雷达在接收到回波信号后,通过一定的算法进行反演计算,即可获得大气中各类组分、气象参数等信息。因此,激光雷达技术的实质是探测光辐射与大气组分之间相互作用所产生的各种物理过程。

2.1.1　大气探测激光雷达的探测原理

激光雷达发射的激光进入大气后,在传播过程中会与大气中的分子、气溶胶粒子等产生相互作用,这些微小粒子能够将激光的一部分能量进行散射(即光的散射效应)或吸收(即粒子对光的吸收效应),这是不同大气组分光学性质的主要体现,其实质是光和分子、原子中电子的相互作用。激光雷达大气遥感技术就是通过接收和分析处理激光与大气组分作用后的回波信号,获得大气气象与环境参数、大气组分的物理属性等。

激光与大气相互作用类型及其应用见表 2-1,其中相互作用类型主要分为米散射、瑞利散射、振动拉曼散射、转动拉曼散射、共振荧光散射、有机分子荧光散射、差分吸收、多普勒效应、退偏振效应等。这些相互作用类型可以应用于对大气的云、气溶胶、分子密度、温度、气压、风速等的探测。

表 2-1　激光与大气相互作用类型及其应用

相互作用类型	介质类型	探测目标	探测高度/km	适用平台
米散射	气溶胶、云	气溶胶、烟羽、云等	0~20	地基、车载、机载、星载
瑞利散射	分子	大气密度、温度、瑞利散射消光系数	0~60	地基、车载、机载、星载
振动拉曼散射	分子	温度、气溶胶、痕量气体(CO_2、SO_2、NO_2、O_3)等	0~15	地基、车载、机载
转动拉曼散射	分子	温度、气溶胶、云等	0~20	地基、车载、机载
共振荧光散射	原子、分子、离子	中层大气密度、风场、温度等	70~110	地基、车载、机载
有机分子荧光散射	分子	有机物(细菌、蛋白质、有机气溶胶等)	0~4	地基、车载、机载
差分吸收	原子、分子	痕量气体(CO_2、SO_2、NO_2、O_3)等	0~20	地基、车载、机载、星载
多普勒效应	原子、分子	风速	0~110	地基、车载、机载、星载
退偏振效应	非球形粒子	气溶胶、云相态	0~20	地基、车载、机载、星载

1. 散射效应

光的散射效应是指光束在介质中传播时,当通过不均匀的介质或者均匀介质中的悬浮粒子(如大气中的烟雾、尘埃、气溶胶等)时,介质的不均匀性会使光的入射波面不平衡,从而造成一部分光偏离原方向散射出去的现象。散射出去的这部分光被称为散射光。光的散射效应与光波长、所遇介质中粒子的粒径、作用后光波能量变化情况等息息相关。根据光波长与粒子发生散射的机理,大气组分对光的散射主要分为米散射、瑞利散射和拉曼散射。

1）米散射

米散射（Mie scattering）于 1908 年由古斯塔夫·米（Gustav Mie）提出，是由定态电磁波的麦克斯韦方程推导出的处在均匀介质中的球形颗粒物对弹性波散射的严格数学解。Gustav Mie 指出，米散射是当粒子尺寸与入射光的波长相近时，入射光向各方向的不对称散射现象。一般以无量纲尺度数 $\pi D/\lambda$ 作为判断散射类型的依据，其中 D 为粒径、λ 为入射光的波长，当该尺度数在 0.1~50 的范围内时，粒子对入射光的作用类型主要是米散射。米散射光强与多种因素相关，包括粒子与周围介质的复折射率、散射角、粒径、入射光的波长等。

如图 2-1 所示，以硫酸盐粒子为例，当入射光的波长为 0.55 μm 时，单位散射截面上的粒子的消光因子（Q_{ext}）随粒径（D）增大，呈现类似于阻尼曲线的震荡分布。当粒径远小于 0.05 μm（即尺度数小于约 0.28）时，Q_{ext} 随着粒径的增大迅速增大，此时粒子对入射光主要为瑞利散射；当粒径处于 0.05~10 μm（即尺度数约为 0.28~57）范围时，Q_{ext} 的震荡十分明显，此时颗粒物的作用类型主要为米散射；当粒径进一步增大时，Q_{ext} 随粒径的增大趋于收敛，此时粒子对入射光的作用类型主要为几何散射。米散射理论对于解释 $PM_{2.5}$ 的大气消光效应具有重要的意义。

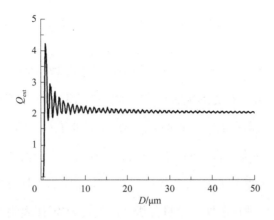

图 2-1　单位散射截面上硫酸盐粒子的粒径与消光因子（Q_{ext}）的关系

（注：入射光的波长=0.55 μm；硫酸盐粒子的复折射率=1.53+0i）

2）瑞利散射

瑞利散射（Rayleigh scattering）于 1900 年由英国物理学家瑞利勋爵（Lord Rayleigh）提出，是微粒粒径远小于入射光波长时发生的散射。当尺度数 $\pi D/\lambda$ 小于 0.1 时，粒子对光的散射作用以瑞利散射为主。发生瑞利散射时，散射光强与入射光波长的四次方成反比，各方向的散射光强也各不相同，其中散射光在入射光平行方向上的散射程度大致相同，而在入射光垂直方向上的散射程度较低。瑞利散射引起的消光效应与温度、大气的气体分子数密度、气体分子的去极化系数等因素有关，可将其用于对这些大气参数的遥感探测。

3）拉曼散射

拉曼散射（Raman scattering）于 1928 年由印度物理学家钱德拉塞卡拉·文卡塔·拉曼（Chandrasekhara Venkata Raman）提出，指一定频率的激光照射到分子表面时，分子会吸收部分能量并进行转化，而后散射出较低频率的光。在入射光光子与分子相互碰撞时，分子的振动和转动能级发生变化，散射光的频率随之改变，因此拉曼散射是一种非弹性散射。拉曼光谱是根据拉曼散射效应得出的，是研究分子结构的强有力工具，在大气光学探测方面得到了很广泛的应用。事实上，大气分子与入射光光子的能量交换的强度是由大气中各种分子的固有能级决定的，因此可以利用这种特性实现对大气分子种类的探测。

2. 吸收效应

大气分子与光束碰撞后会以光波的频率做受迫振动，其为了克服内部阻力要消耗能量，表现为大气分子对光的吸收效应。大气中的很多气体都有吸收光谱，其谱线能够描述气体分子对不同波段光的吸收程度，大气分子对光的吸收效应除了与入射光波的频率相关，还与大气分子的密度有关。由气体吸收光谱学理论可知，因气体分子本身结构和能级的特殊性，每种气体都只对特定波段的光具有强吸收性，据此就可以对被测气体的成分进行定性和定量分析。朗伯-比尔定律表明，根据大气分子的吸收效应，选取气体吸收光谱中的某一特定波段，通过比较光波与被测气体相互作用前后的差异即可反演出这一波段对应气体的浓度信息。

2.1.2　大气探测激光雷达系统和结构

大气探测激光雷达系统由激光发射、接收望远镜、中继光学、光电探测、控制与处理等系统组成,如图 2-2 所示。激光发射系统发射激光脉冲,接收望远镜系统收集目标回波光信号,中继光学系统分离有效光谱并抑制干扰光谱,光电探测系统将回波光信号转换成电信号,控制与处理系统负责工作时序、状态管控、数据处理和存储。同时,大气探测激光雷达系统通过数传通道将相关辅助数据与探测数据打包下传给地面接收站,最终由用户或专业人员反演得到各目标参数信息。

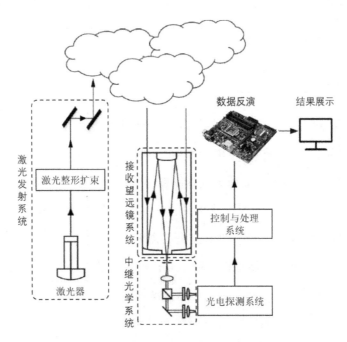

图 2-2　大气探测激光雷达系统示意

1. 激光发射系统

激光发射系统的主要作用是发射探测所需的激光脉冲。激光脉冲由激光器产生,应用不同种类的激光器可以扩展激光雷达能够探测的大气成分和大气参数类型。激光器种类繁多,每种激光器都有独特的产生激光的方法,激光波长也各异,从

250 nm 到 11 μm 不等,使激光雷达大气探测技术的应用领域更加广泛。表 2-2 所示为常用于激光雷达激光发射系统的激光器。

表 2-2　常用于激光雷达激光发射系统的激光器

激光器种类	输出波长/μm	可探测的大气成分/气象参数
红宝石	0.694 3	气溶胶、云、水汽
Nd:YAG	1.064、0.532、0.355、0.266	气溶胶、云、臭氧、水汽、风速
染料(可调)	0.3~1.1	痕量气体、气溶胶
二氧化碳	9.1~11	痕量气体、气溶胶、风速
绿宝石 Ti:Sapphire	0.7~1.1	痕量气体、气溶胶、水汽
Cr:LiSAF	0.25~0.3	痕量气体
OPO(光参量振荡器)	0.3~4	痕量气体、水汽
Excimer(XeCl、XeF、KrF)	0.308、0.351、0.248	痕量气体
Ho/Tm:YLF/YAG	2.05	风速
Nd:YLF	1.47、0.523 5	气溶胶、云

自 20 世纪 80 年代起,准分子(Excimer)激光器和 Nd:YAG 激光器逐步得以推广,并在大气遥感探测领域中得到广泛应用。其中,Nd:YAG 激光器具有线宽度窄、单色性好、晶体使用寿命长、晶体导热性能良好等优异特性,适合在室温条件下长期进行激光输出,为激光器在污染探测领域的应用奠定了良好的基础。

为了满足激光雷达输出不同波长激光的需求,在激光发射系统中,一方面可以采用不同激光器作为光源,使激光雷达输出波长不同的激光;另一方面可以通过混频、倍频以及光泵浦等方式获取探测所需的特定波长的激光。例如,Nd:YAG 激光器能够产生波长为 1 064 nm 的激光,并可经倍频得到波长为 532 nm、355 nm 或 266 nm 的激光,其中 532 nm 的激光常用于气溶胶探测,266 nm 的激光通过拉曼频移可用于臭氧探测,355 nm 的激光通过光泵浦可用于氮氧化物探测。

2. 接收望远镜系统

接收望远镜系统的主要组成部分是接收望远镜。

目前,常用的接收望远镜类型有卡塞格林望远镜和牛顿反射式望远镜两种,其结构示意如图 2-3 所示。这两种类型的望远镜各有所长,前者结构较为紧凑,后者结构调整比较简单。在接收望远镜主副镜的共焦处设置一个光阑,接收望远镜的接收视场角由该光阑的通光口径决定。

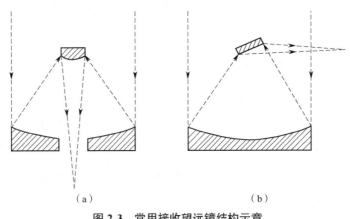

（a）　　　　　　　　　　　　　　　　　　（b）

图 2-3　常用接收望远镜结构示意

（a）卡塞格林望远镜；（b）牛顿反射式望远镜

接收望远镜的口径和视场角因测量目的和测程的不同而不同。接收视场角大,会使接收系统接收更多的大气背景噪声,增大粒子的多次散射影响。但是接收视场角小,会使信号接收盲区增大。盲区是由于发射器和接收器的光学元件的几何构造限制,近处的回波信号不能被探测器接收的区域。在盲区和信号被完全接收的区域之间,还存在信号接收重叠区,信号在该区被部分接收,可通过重叠因子校正尽量还原原始信号。盲区和信号接收重叠区的大小因系统而异,受到光束直径、形状、发射,接收望远镜的同轴或异轴等的影响。对于一些大型望远镜,盲区的影响可能达几千米。因此,需要根据测量目的确定视场角。

3. 中继光学系统

接收望远镜系统在接收回波信号时,也会接收到有干扰作用的天空背景光。中继光学系统可有效分离探测所需的回波信号和无用的天空背景光,这在一定程度上可以减小测量误差,提高信噪比。激光雷达的中继光学系统主要利用相关光谱器件进行天空背景光的滤除,这些光谱器件包括光栅单色仪、窄带干涉滤光片、法布里-珀罗干涉仪、原子或分子滤波器等。

　　4.控制与处理系统

　　控制与处理系统主要包括信号探测器、放大器和采集装置等。信号探测器能够实现光电转换。常用于激光雷达的信号探测器主要有光电倍增管（PMT）、雪崩光电二极管（APD）以及电荷耦合器件（CCD）。这三种类型的信号探测器的适用范围不同，光电倍增管适合将波长范围在可见光和紫外光内的光信号进行光电转换，雪崩光电二极管适合将波长范围在可见光和红外光内的光信号进行光电转换，电荷耦合器件则在成像激光雷达中应用广泛。例如，在探测 SO_2 及 NO_2 浓度时，激光雷达接收的回波的波长在可见光及紫外光的波长范围内，一般采用光电倍增管进行光电信号转换。光电倍增管可分为侧窗型光电倍增管和端窗型光电倍增管两种，由于后者受光均匀，因此激光雷达一般选用端窗型光电倍增管。

　　放大器和采集装置的作用主要是放大并采集信号。回波经信号探测器进行光电转换得到的电信号较为微弱，可利用放大器对电信号进行放大以增加其信号强度。放大后的电信号由采集装置进行采集。采集装置的主要组成部分是采集卡，采集卡的采集方式一般有两种：光子计数和模数转换（A/D）。

2.2　激光雷达技术在污染探测领域的应用

　　与传统的臭氧探空法、卫星被动遥感技术相比，激光雷达主动遥感技术在污染探测领域具有时空分辨率高、探测范围广、实时在线等优势，适用于在同一地区开展对污染物垂直分布情况的连续观测。目前，该技术已经逐渐应用于大气环境监测及其他多个领域中。从监测现状来看，目前对气溶胶、臭氧、二氧化碳、氮氧化物、二氧化硫、挥发性有机物、甲烷等污染物的立体观测均使用了激光雷达技术。

2.2.1　气溶胶激光雷达

　　气溶胶激光雷达是用于大气气溶胶立体观测的一类重要的遥感设备。近年来，利用米散射、瑞利散射激光雷达技术等地面遥感技术探测气溶胶垂直分布情况与变化特征的研究逐渐增多。气溶胶激光雷达主动发射的激光光束与大气中的气溶胶粒子等发生相互作用产生散射,其中后向散射光被激光雷达接收并进行信号反演解析,从而获得大气中气溶胶等的分布信息。气溶胶激光雷达可用于污染物扩散与传输模式分析、云和大气边界层的探测、环境空气质量的预报模式研究、卫星传感器的地面标定等。应用气溶胶激光雷达对不同方位进行连续探测,还可获得气溶胶的三维分布情况。

邱坚等用激光雷达探测并进行信号反演,得到消光系数、退偏比、边界层高度数据,结合污染物特征雷达图和 HYSPLIT 后向轨迹模式对镇江市 2020 年 1 月 17 日至 22 日的污染过程进行了详细分析,探讨污染过程的形成与发展机制,为镇江市大气污染天气空气质量治理提供科学依据。激光雷达探测结果显示,污染日消光系数为 $0.0 \sim 0.9 \ km^{-1}$,消光系数垂直廓线浓度的日变化特征明显,气溶胶粒子主要堆积在 0.6 km 高度以下,很好地解释了污染气团从高空逐渐下沉最终与本地污染叠加的过程,与 HYSPLIT 模式解析的污染气团来源结果基本一致。

王治华等基于米散射激光雷达,应用克莱特(Klett)算法对激光雷达的回波信号进行了反演,并对成都地区大气边界层结构随时间变化的特性进行了研究,结果表明,成都地区大气边界层混合层高度较低,卷夹层厚度较薄,且随时间变化较缓慢,这与成都地区特殊的地理状况有关。

桑悦洋等利用微脉冲激光雷达观测资料获得了北京市 2016—2019 年白天混合层高度的数据,并分析其变化特征及其与空气污染物 $PM_{2.5}$ 浓度的关系。结果表明,混合层高度表现出明显的季节变化和日变化,春季的混合层高度明显大于其他季节。$PM_{2.5}$ 浓度与通风指数(即风速与混合层高度的乘积)间呈负相关关系,在日最大混合层高度较低时,$PM_{2.5}$ 浓度受垂直扩散条件的影响较为明显。

2.2.2　臭氧激光雷达

臭氧激光雷达主要以臭氧为目标探测物,一般采用差分吸收激光雷达技术进行探测。差分吸收激光雷达一般发射两束波长不同的激光,这两束激光对待测物具有明显不同的吸收截面,利用这种特性可确定这两束激光共同路径上待测物的浓度。

应用差分吸收原理,通过高能激光器发射脉冲激光,通过拉曼频移获得两束波长不同的激光束,其中一束位于臭氧气体的吸收带上,另一束位于吸收带之外,组成一对探测波长。例如,266 nm 激光通过拉曼频移可产生 289 nm、299 nm 和 316 nm 三种波长的激光,266 nm 和 289 nm、289 nm 和 299 nm、299 nm 和 316 nm 一共组成三个波长对,分别对应不同的探测高度和探测时间(白天或夜晚)。每一个波长对的其中一个波长位于臭氧吸收较强的位置,而另一个波长位于臭氧吸收很弱或无吸收的位置,利用臭氧对这两个波长激光的吸收差别(两束激光光信号的消光比),确定两束激光共同路径上臭氧的浓度,从而实现对臭氧时空分布的探测。

臭氧污染多呈现大范围、区域性的污染特征,在数千米半径范围内的变化相对较小,因此应用激光雷达技术对臭氧污染的观测多以垂直观测为主。1996 年,中国科学院安徽光学精密机械研究所研制了我国第一台紫外差分吸收激光雷达,用于探测 18~45 km 平流层臭氧的垂直分布特征。目前,激光雷达技术已被应用于臭氧污染探测领域,臭氧激光雷达能够对臭氧的垂直分布情况进行高精密度、高时空分辨率的连续监测。

2.2.3　二氧化碳激光雷达

二氧化碳是大气中一类重要的温室气体,对地球系统的能量收支平衡具有重要意义,二氧化碳浓度的持续升高会引起一系列气候和环境效应。2020 年,我国提出的碳达峰和碳中和目标,对我国大气环境中二氧化碳分布现状和变化特征的探测研究工作具有更加现实的指导意义。

目前,二氧化碳激光雷达探测主要采取差分吸收激光雷达或拉曼激光雷达技术。差分吸收激光雷达探测大气二氧化碳主要基于 1.6 μm、2.05 μm、4.3 μm 三个光谱吸收带,美国、欧洲以及我国的相关研究机构均开展了积分路径的差分吸收激光雷达探测二氧化碳柱浓度的研究。2012 年,我国自行研制了首台低空二氧化碳差分吸收激光雷达并将其应用于观测。拉曼激光雷达利用二氧化碳分子和激光相互作用产生拉曼散射的原理实现对二氧化碳空间分布特征的测量。2010 年,我国研制了首台二氧化碳拉曼激光雷达,采用 355 nm 激光作为发射光,采集并反演 371.66 nm 的二氧化碳拉曼回波信号,实现了对低对流层大气中二氧化碳浓度的探测。

2.2.4　氮氧化物激光雷达

氮氧化物能够参与多种大气化学反应,是颗粒物与臭氧污染的共同前体物,准确掌握氮氧化物的时空分布情况对于开展复合型大气污染防治具有重要的意义。通过差分吸收激光雷达技术,使用波长分别在 NO_x 吸收峰值和谷值的两束激光,将回波信号进行反演,可确定激光路径上不同距离处 NO_x 的浓度信息,实现对 NO_x 的连续立体观测。1974 年,罗德(Rothe)等人采用闪光灯泵浦的染料激光器,首次利用差分吸收激光雷达技术探测了大气中的 NO_x 分布情况。2000 年,中国科学院安徽精密机械研究所采用可调谐固体 Ti : 蓝宝石激光器,搭建了我国首个车载差分吸收激光雷达系统 AML-1,该系统采用 398.6 nm 和 397.0 nm 的波长对,对 NO_x 的空间分布情况进行了探测;2004 年,在 AML-1 的基础上,采用自主研发的激光抽运拉曼频移激光器,通过 Nd : YAG 激光器三倍频激光泵浦甲烷、氘气获得 395.60 nm 和 396.82 nm 的波长对,实现了对 NO_x 的探测。徐玲等通过差分吸收激光雷达技术探测了大气中 NO_x 的分布,并将信号预处理和多重自相关检测法引入去噪算法,有效提高了 1 km 范围内 NO_x 浓度的反演精度。

2.3　常见的激光雷达臭氧探测技术

差分吸收激光雷达技术的时空分辨率高、探测范围广,能够实现高精度、快速实时、连续探测等,在臭氧污染的遥感探测领域受到了广泛的关注。近年来,用于探测臭氧污染的差分吸收激光雷达技术得到了快速的发展,逐渐形成较为成熟的技术体系。

2.3.1 双波长差分吸收激光雷达技术

双波长差分吸收激光雷达技术由肖特兰（Schotland）首先用于水汽测量，该技术采用同时或交替发射的两束波长相近的激光，一束激光的波长处于臭氧吸收较强的位置，另一束激光的波长处于吸收较弱的位置，分析这两束激光回波信号的差别可以较精确地计算出臭氧的分布。目前，该方法在激光雷达测量大气成分领域中应用最多。

2.3.2 单波长距离差分吸收激光雷达技术

单波长距离差分吸收激光雷达技术只使用单束激光。该技术可以用于平流层臭氧的测量，由于平流层中的气溶胶含量很低，对臭氧的测量能够获得较高的精度。但在火山爆发期间，平流层中的火山灰气溶胶含量很高，臭氧的测量精度不高。内野（Uchino）和前田（Maeda）等利用 XeCl 激光雷达对 15~25 km 高度平流层中的臭氧分布进行了探测。该技术也可以测量混合层中的臭氧浓度，如利用 Nd：YAG 激光的四倍频波长 266 nm 测量混合层中的臭氧浓度。

2.3.3 拉曼差分吸收激光雷达技术

拉曼差分吸收激光雷达技术由托马斯（Thomas）等提出，激光雷达发射一束或两束激光，然后接收这一束或两束激光的氮分子或氧分子的拉曼回波信号，利用拉曼回波信号进行差分吸收计算。由于大气中氮分子和氧分子的混合比相对稳定，拉曼散射与大气中气溶胶的分布无关，从而可消除气溶胶后向散射的影响。一般认为拉曼差分吸收激光雷达技术比双波长差分吸收激光雷达技术精度要高，但气溶胶的消光影响仍然存在；其缺点是拉曼散射回波信号比米散射和瑞利散射回波信号弱几个量级，统计误差相对较大。

2.3.4 三波长双差分吸收激光雷达技术

在火山爆发初期，气溶胶对双波长差分吸收激光雷达测量精度的影响很大。

为克服火山气溶胶的影响，1997 年王志恩等提出三波长双差分吸收激光雷达技术测量平流层臭氧，利用该技术可以明显减小气溶胶的影响。该技术也可用于在气溶胶含量高且不均匀的对流层中对臭氧和二氧化硫浓度的测量。该技术比常规的双波长差分吸收激光雷达技术的测量精度要高。

2.3.5　单波长距离拉曼差分吸收激光雷达技术

单波长距离拉曼差分吸收激光雷达技术是一种利用氮气拉曼散射信号的差分吸收激光雷达技术。该技术利用 KrF 准分子激光或 Nd∶YAG 四倍频激光与大气中的氮分子作用，产生拉曼散射。激光雷达通过接收大气中激光的氮分子的拉曼回波信号测量混合层中的臭氧分布，2001 年托马西（Tomasi）等在激光雷达测量大气臭氧中使用了该技术。

除了差分吸收激光雷达技术可用于测量大气臭氧外，还可以用双波长拉曼激光雷达测量大气臭氧。麦基（McGee）等在 NASA DC-8 机载 AROTAL 激光雷达中通过接收激光的氮分子和臭氧分子的拉曼散射信号反演了臭氧的垂直分布。

2.4　差分吸收激光雷达进行臭氧观测的基本原理

差分吸收激光雷达的激光器发射 266 nm 高能量激光脉冲，266 nm 高能量激光泵浦拉曼管产生一个用于差分吸收的波长对，并与剩余的 266 nm 激光束经准直扩束后进入大气，大气中的粒子对激光产生米散射，空气分子对激光产生瑞利散射，待测气体产生吸收效应，经过各种物理过程的三束激光的后向散射回波信号被望远镜系统接收并被多波长光栅光谱仪分光，探测系统分别探测三个通道的回波信号，通过待测痕量气体差分吸收原理可解析出大气臭氧分布垂直廓线，并通过分析回波信号强度特征，解析出颗粒物消光系数。

臭氧浓度测量采用的是差分吸收光谱技术。同时向大气中发射两束波长非常相近的激光，其中一束激光的波长位于臭氧吸收较强的位置，计为 λ_{on}，另一束激光的波长位于臭氧吸收较弱或者没有吸收的位置,计为λ_{off},由于选择的两束激光的波长非常相近,并且考虑到痕量气体在这两个波长处的吸收差异很小,因此其他痕量气体对两束激光的消光差异一般可以忽略。所以,可以根据两束激光在不同高度上的回波信号差异确定对流层中臭氧的浓度。

差分吸收激光雷达的回波信号可表示为

$$P(\lambda_i,z)=C_i\frac{\beta(\lambda_i,z)}{z^2}\exp\left\{-2\int_0^z[\alpha(\lambda_i,z)+N(z)\delta(\lambda_i,z)]\mathrm{d}z\right\},i=\text{on,off} \qquad (2\text{-}1)$$

式中:$P(\lambda_i,z)$为接收到的高度z处波长为λ_i的大气后向散射回波信号;C_i为雷达常数;$\beta(\lambda_i,z)$为大气后向散射系数;$\alpha(\lambda_i,z)$为除了大气臭氧引起的消光效应以外的大气消光系数;$N(z)$为高度z处的待测臭氧的浓度;$\delta(\lambda_i,z)$为在波长为λ_i处的臭氧吸收截面。

由λ_{on}、λ_{off}双波长的激光雷达回波信号方程[公式(2-1)]推导出臭氧浓度的表达式为

$$N(z)=\frac{1}{2\Delta\delta}\frac{\mathrm{d}}{\mathrm{d}z}\left(-\ln\frac{P(\lambda_{\text{on}},z)}{P(\lambda_{\text{off}},z)}\right)+B-E_{\text{a}}-E_{\text{m}}-E_{\text{gas}} \qquad (2\text{-}2)$$

其中:

$$B=\frac{1}{2\Delta\delta}\frac{\mathrm{d}}{\mathrm{d}z}\ln\frac{\beta(\lambda_{\text{on}},z)}{\beta(\lambda_{\text{off}},z)} \qquad (2\text{-}3)$$

$$E_{\text{a}}=\frac{1}{\Delta\delta}[\alpha_{\text{a}}(\lambda_{\text{on}},z)-\alpha_{\text{a}}(\lambda_{\text{off}},z)] \qquad (2\text{-}4)$$

$$E_{\text{m}}=\frac{1}{\Delta\delta}[\alpha_{\text{m}}(\lambda_{\text{on}},z)-\alpha_{\text{m}}(\lambda_{\text{off}},z)] \qquad (2\text{-}5)$$

$$E_{\text{gas}}=\frac{\Delta\delta_{\text{gas}}N'_{\text{gas}}}{\Delta\delta} \qquad (2\text{-}6)$$

式中:$\Delta\delta$、$\Delta\delta_{\text{gas}}$分别为臭氧和其他痕量气体在$\lambda_{\text{on}}$、$\lambda_{\text{off}}$两个波长处的吸收截面差;$N'_{\text{gas}}$为其他痕量气体的浓度;$B$、$E_{\text{a}}$、$E_{\text{m}}$分别为大气后向散射、气溶胶粒子消光、空气分子消光作用对臭氧浓度反演的影响;E_{gas}为其他痕量气体的吸收作用对臭氧浓度

反演的影响。

　　激光雷达测量大气颗粒物时,必须分别对大气中空气分子和气溶胶粒子对激光光束的散射与消光作用予以研究,激光雷达接收到高度 r 处大气中的空气分子和气溶胶粒子的后向散射回波信号功率 $P(r)$ 的表达式为

$$P(r) = P_t k r^{-2} [\beta_m(r) + \beta_a(r)] \exp\left\{-2\int_0^r [\alpha_m(r') + \alpha_a(r')]dr'\right\} \tag{2-7}$$

式中: P_t 为激光发射功率; k 是激光雷达系统常数; $\beta_a(r)$ 和 $\beta_m(r)$ 分别是高度 r 处气溶胶粒子和空气分子的后向散射系数; $\alpha_a(r)$ 和 $\alpha_m(r)$ 分别为高度 r 处气溶胶粒子和空气分子的消光系数。

　　如果事先已知某一高度 r_c 处(标定高度)大气中的气溶胶粒子和空气分子的消光系数(标定值),弗纳尔德(Fernald)给出了 r_c 处以下的大气中的气溶胶粒子的消光系数(后向积分)的表达式为

$$\alpha_a(r) = -\frac{S_a}{S_m} \cdot \alpha_m(r) +$$
$$\frac{P(r)r^2 \exp\left[2\left(\frac{S_a}{S_m}-1\right)\int_r^{r_c} \alpha_m(r')dr'\right]}{\dfrac{P(r_c)r^2}{\alpha_a(r_c) + \dfrac{S_a}{S_m}\alpha_m(r_c)} + 2\int_r^{r_c} P(r')r'^2 \exp\left[2\left(\frac{S_a}{S_m}-1\right)\int_r^{r_c} \alpha_m(r'')dr''\right]dr'} \tag{2-8}$$

而 r_c 处以上的大气中的气溶胶粒子消光系数(前向积分)的表达式为

$$\alpha_a(r) = -\frac{S_a}{S_m} \cdot \alpha_m(r) +$$
$$\frac{P(r)r^2 \cdot \exp\left[2\left(\frac{S_a}{S_m}-1\right)\int_{r_c}^r \alpha_m(r')dr'\right]}{\dfrac{P(r_c)r^2}{\alpha_a(r_c) + \dfrac{S_a}{S_m}\alpha_m(r_c)} - 2\int_{r_c}^r P(r')r'^2 \exp\left[2\left(\frac{S_a}{S_m}-1\right)\int_{r_c}^r \alpha_m(r'')dr''\right]dr'} \tag{2-9}$$

式中: S_a 和 S_m 分别为大气中空气分子和气溶胶粒子的消光后向散射比。

由上式可以看出，若要从激光雷达测量的回波信号中得到气溶胶粒子的消光系数 $\alpha_a(r)$，必须知道 S_a、S_m、$\alpha_m(r)$ 和 $\alpha_a(r_c)$ 四个参数。

气溶胶粒子的消光后向散射比 $S_a = \alpha_a(r)/\beta_a(r)$，它依赖于入射激光的波长、气溶胶粒子的尺度谱分布和折射指数，数值范围一般为 0~90。这里假定其为常数，这意味着气溶胶粒子的尺度谱和化学组成不随高度变化，气溶胶粒子消光和散射特性的变化仅仅是由于其数密度的改变。臭氧在 316 nm 波长处的吸收截面很小，所以使用 316 nm 波长的回波信号和 Fernald 算法反演气溶胶粒子的消光系数和后向散射系数，利用此结果对空气分子后向散射和气溶胶粒子消光作用对反演臭氧浓度造成的影响进行修正，使用美国标准大气模式修正空气分子消光对反演臭氧浓度的影响。

2.5　差分吸收激光雷达在臭氧污染观测中的应用

差分吸收激光雷达的测量结果与用其他测量手段获取的结果相比，具有时空分辨率高、测量精度高等特点。近年来，随着差分吸收激光雷达的核心技术与算法逐渐被研究人员攻克，对我国多个城市的臭氧垂直分布的遥感探测研究逐渐兴起。

自 20 世纪 90 年代起，我国开展了利用差分吸收激光雷达技术探测大气臭氧的研究，中国科学院安徽光学精密机械研究所研制了我国第一台具有大口径望远镜的紫外差分吸收激光雷达，对合肥市上空对流层与平流层中的臭氧垂直分布特征进行了探测。此后，国内相关研究机构对激光雷达系统进行了长期的研发和改进，提高了臭氧激光雷达的测量精度，降低了其探测盲区。曹开法等采用混合气体产生受激拉曼光的方法和消色差扩束器设计，研制出高精度实时臭氧激光雷达，有效消除了激光雷达几何因子的影响，并对大气边界层臭氧分布廓线进行了反演。曹念文等通过合理选择激光波长对，实现了对流层中的臭氧、二氧化硫、气溶胶的同步观测，有效降低了臭氧、二氧化硫间由于吸收效应导致的相互影响。屈凯峰等利用车载臭氧激光雷达对近地面臭氧进行了扫描式测量，该雷达可用于长距离行驶测量，突破了固定地基激光雷达测量空间范围有限的局限性，实现了近地面的大范围、快速、连续、实时臭氧监测。胡顺星等利用差分吸收激光雷达与臭氧探空仪对对流层中的臭氧分布进行了同步探测,发现在 750 m 的垂直分辨率、10 min 的监测时间条件下,激光雷达在 4 km、8 km 以下高度反演结果的统计误差分别小于 10%、20%,表明差分吸收激光雷达能够对臭氧浓度的垂直分布进行有效探测。

多项不同研究应用差分吸收激光雷达技术,对国内臭氧污染进行遥感观测,均发现在大气边界层附近存在较为严重的臭氧污染问题。池(Chi)等于 2014 年在北京进行了为期 12 日的臭氧垂直分布特征观测,在 1.2 km 以下高度范围内,观测到臭氧浓度与高度具有正相关性,其中日间臭氧浓度分布较为均匀,而夜间臭氧呈现明显的层状分布,分析发现,上述现象出现的原因是位于边界层上方的残留层臭氧污染物在夜间不消散,并能够持续到次日。阎守政等利用差分吸收激光雷达对大连市夏季臭氧污染开展了连续垂直监测,发现在臭氧轻度污染日,大气边界层附近存在厚约 400 m 的臭氧污染带,高空臭氧在下沉气流的影响下与近地面污染混合,导致近地面臭氧浓度出现超标现象。吴八一等在内蒙古阿拉善盟观测到,臭氧在夜间随着山谷风环流从残留层进入近地面的混合层,导致夜间地面臭氧浓度显著升高。范广强、苑克娥等应用差分吸收臭氧激光雷达对北京市的臭氧污染时空分布特征进行观测,发现近地面臭氧浓度的日变化趋势明显,但高空臭氧浓度的日变化特征不明显,受外部气团输送的影响,高空臭氧气团向近地面输送也会导致近地面臭氧浓度的升高。孙思思等对南京市一次典型的臭氧污染过程进行了激光雷达垂直观测,发现臭氧污染是在夏季高温静稳天气下,由近地面臭氧的循环生成和夜间高空残留的臭氧在湍流作用下的混合与积累共同导致的。

部分研究工作将臭氧激光雷达遥感观测与数值模拟技术相结合,进一步开展臭氧污染特征及成因分析。项衍等利用差分吸收激光雷达对杭州地区夏季臭氧的时空分布进行观测,并结合 WRF-Chem 模型的模拟结果,对比分析了臭氧污染的时空变化规律、气象要素对臭氧污染的影响等。王(Wang)等于 2019 年首次对广州市不同季节的臭氧垂直分布特征开展了长期观测,并基于后向轨迹聚类分析方法对臭氧区域的传输特征进行了识别。邢(Xing)等利用差分吸收激光雷达探测了上海市臭氧污染的垂直分布特征,并结合 WRF-Chem 模型模拟了高空风廓线特征,证明了本地光化学作用是导致臭氧污染的主要原因。

第3章 基于激光雷达技术的臭氧污染立体观测研究

本章以天津市为例,基于2018、2019年夏秋季开展的臭氧激光雷达垂直观测结果,结合近地面臭氧污染情况、气象条件,研究臭氧污染垂直分布特征,分析不同高度层间臭氧浓度的变化情况,明确随高度变化的臭氧浓度的日变化特征,得到臭氧污染垂直分布的月变化规律,重点针对高空臭氧垂直对流现象的出现频率及影响进行研究。

3.1 臭氧污染垂直分布特征

3.1.1 总体特征

通过对天津市夏秋季高空臭氧污染水平的长期监测,得到臭氧污染物在不同高度处的平均浓度分布图,如图3-1所示。可以发现,随高度的增加,臭氧平均浓度及其标准偏差均呈现先升高后降低的同步变化趋势。在约1 000 m高度处,臭氧浓度平均值达到最大值,约为170 μg/m³;近地面臭氧浓度平均值约为82 μg/m³,仅是约1 000 m高度处臭氧浓度平均值的48%,臭氧污染程度相对较轻。臭氧浓度平均值达到最大值后,随着高度的升高迅速降低,至3 000 m高度处,臭氧浓度平均值降至约46 μg/m³,仅为约1 000 m高度处的27%。

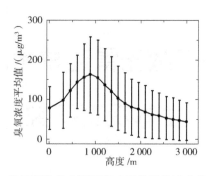

图 3-1　臭氧污染物在不同高度处的平均浓度分布情况

（注：误差棒显示臭氧平均浓度的标准偏差）

将图 3-1 中的臭氧浓度平均值对高度进行积分，可以近似得到各高度层臭氧的百分含量。设高度在 3 000 m 以下的臭氧总含量为 100%，近地面至 3 000 m 高度范围内的臭氧百分含量的分布情况如图 3-2 所示，可以发现臭氧污染物集中分布于 0~1 500 m 的高度范围内，约占臭氧总含量的 65%。其中，近地面至 300 m 高空的臭氧含量占臭氧总含量的 9.1%，而边界层下方（约 300 m 至 1 000 m 范围内）的臭氧含量约为 300 m 以下范围的 4 倍。因此可以推断出，低对流层的臭氧污染程度远高于近地面。若高空大气出现明显的垂直对流现象，将导致高空臭氧污染物下沉至近地面，则近地面臭氧浓度将发生显著变化，由此可知近地面臭氧浓度明显受到高空臭氧的影响。

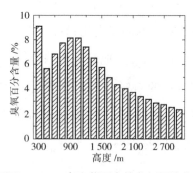

图 3-2　近地面至 3 000 m 高度范围内的臭氧百分含量的分布情况

3.1.2　不同高度层间臭氧浓度的变化关系

以 2019 年 9 月 1—9 日臭氧浓度变化为例,研究不同高度层的臭氧浓度间的相关性。图 3-3 所示为 2019 年 9 月 1—9 日近地面与 300 m 高度处臭氧浓度变化趋势。近地面与 300 m 高度处的臭氧浓度的相关系数为 0.71,其中在白天,近地面与 300 m 高度处的臭氧浓度的变化趋势基本一致,臭氧浓度峰值及其出现时间大致相同;但在夜间, 300 m 高度处的臭氧浓度明显高于近地面,表明高空臭氧污染在夜间的消散速度明显慢于近地面。与近地面相比, 300 m 高度处的臭氧浓度偏高 34.6%,这主要是由夜间高空出现的臭氧浓度高值造成的。

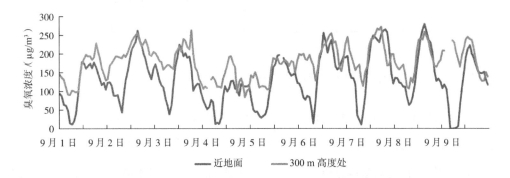

图 3-3　2019 年 9 月 1—9 日 300 m 高度处与近地面臭氧浓度变化趋势图

(注:近地面臭氧浓度由 Thermo 49i 型臭氧分析仪获得,每小时获得 1 组监测数据;300 m 高度处的臭氧浓度通过怡孚和融 O_3 Finder 型臭氧激光雷达获得,约每 15 min 获得 1 组监测数据)

对各个高度层的臭氧浓度间的相关系数进行计算,研究高度与臭氧浓度的变化关系。不同高度层的臭氧浓度小时均值数据间的相关系数如表 3-1 所示,可以发现近地面与 300 m、500 m、750 m 高度处的臭氧浓度间的相关系数大于 0.5,具有一定的相关性,而与 1 000 m 甚至更大高度处的臭氧浓度几乎不具有相关性。表 3-1 中任意两个相邻高度层的臭氧浓度之间的相关系数基本保持在 0.5 以上;仅在 1 000 m 与 1 500 m 间出现较低的相关系数(0.37),说明在这两个高度层,臭氧污染具有不同的变化趋势,这主要是因为受大气边界层的影响,其上部和下部混合不充分;而在

1 000 m 以下和 1 500 m 以上的两个高度层,臭氧浓度的变化显示出更高的连续性。

表 3-1　不同高度层臭氧浓度小时均值数据间的相关系数

	近地面	300 m	500 m	750 m	1 000 m	1 500 m	2 000 m	2 500 m	3 000 m
近地面	1.00								
300 m	0.71	1.00							
500 m	0.67	0.56	1.00						
750 m	0.56	0.40	0.81	1.00					
1 000 m	0.44	0.30	0.68	0.80	1.00				
1 500 m	0.05	0.04	0.25	0.19	0.37	1.00			
2 000 m	−0.13	−0.10	0.02	−0.05	0.07	0.65	1.00		
2 500 m	−0.25	−0.21	−0.12	−0.15	−0.05	0.47	0.84	1.00	
3 000 m	−0.30	−0.24	−0.15	−0.17	−0.08	0.38	0.72	0.88	1.00

3.1.3　臭氧日变化特征随高度的变化

近地面臭氧污染具有明显的日变化特征,日出后随着臭氧光化学反应过程的进行,臭氧浓度逐渐升高,在午后达最大值;之后随着太阳辐射强度的降低,臭氧的光化学反应过程减弱,臭氧浓度逐渐降低,并在夜间达最小值。对于高空臭氧污染的变化特征,已有的相关研究主要针对单次臭氧污染时间,由于观测时间短,难以反映高空臭氧污染的长期变化趋势。本书作者基于臭氧激光雷达遥感探测技术,对臭氧污染的日变化特征进行了长期观测研究,得到了不同高度层的臭氧浓度日变化曲线,如图 3-4 所示。其中, 10 m 高度的臭氧浓度日变化曲线通过近地面臭氧分析仪得到,可以发现不同高度层的臭氧污染具有明显的日变化特征,主要表现在以下几个方面。

1. 臭氧浓度峰、谷值出现时间随高度升高而推迟

近地面观测点位的臭氧浓度日变化曲线的谷值出现在 5~6 时,而高空臭氧浓度谷值出现的时间则明显推迟:在高度为 500~1 500 m 的空中,臭氧浓度的谷值出现在 8~9 时;当高度大于 1 500 m 时,臭氧浓度的谷值出现在 10~12 时。不同高度层臭氧浓度的日变化曲线最小值(谷值)与最大值(峰值)出现时间如图 3-5 所示,可以发现

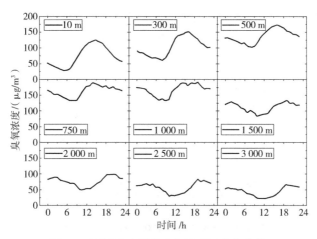

图 3-4　不同高度层的臭氧浓度日变化曲线

（注：时间 0 对应 0 时，即 00：00）

臭氧浓度最小值与出现时间具有明显的正相关性，两者间的相关系数为 0.89。在日出后，各高度层的太阳辐射强度均明显增大，但臭氧污染前体物在不同的高度层具有不同的分布：在早高峰时段，随着近地面观测点位周边车流量的增大，移动源污染物的排放量明显升高，由于污染物集中在近地面，近地面的臭氧浓度首先出现抬升；随着污染物逐渐向高空扩散，高空的臭氧浓度也逐渐升高。因此，不同高度层的臭氧浓度日变化曲线的谷值出现的时间，与臭氧前体物 VOCs、NO_x 由近地面排放源向高空逐渐输送的过程是紧密相关的。

近地面的臭氧浓度的峰值约出现在 16 时，随着高度的升高，可以观测到臭氧浓度的峰值出现时间明显推迟，在超过 2 000 m 的高空，臭氧浓度的峰值的出现时间推迟至 23 时左右。如图 3-5 所示，可以发现臭氧浓度峰值与出现时间具有明显的正相关性，两者间的相关系数为 0.86。造成这一现象的原因如下：一是臭氧及其前体物逐渐向高空扩散，使臭氧浓度峰值出现的时间推迟；二是近地面排放的 NO，在向上输送过程中会发生氧化而造成消耗（见下式，其中 $HO_2^{\cdot}$ 表示过氧化氢自由基，$XO_2^{\cdot}$ 表示过氧自由基），导致高空中 NO 含量降低，削弱了高空臭氧的分解能力。

$$NO + O/O_3/NO/NO_3/HO_2^{\cdot}/XO_2^{\cdot} \rightarrow NO_2$$

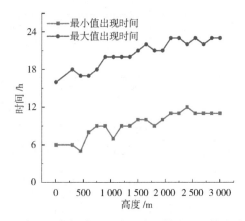

图3-5 不同高度层臭氧浓度日变化曲线最小值和最大值出现时间

2. 臭氧浓度峰值随高度升高先升高后降低

如图3-4所示,在边界层(约1 000 m高度)内,臭氧浓度日变化曲线的峰值随着高度的增加逐渐升高,在高度为750~1 000 m时,臭氧浓度的峰值最高约为190 μg/m³,约为近地面臭氧浓度峰值的1.5倍。而当高度大于1 000 m时,臭氧浓度的峰值随高度的升高迅速降低;在高度为1 500 m处附近,臭氧浓度的峰值与近地面的峰值大致在同一水平;在高度为2 000 m、3 000 m处,臭氧浓度峰值分别降至1 000 m处的53%和35%,近地面的79%和52%。上述结果表明臭氧污染主要集中于近地面至1 500 m高度的范围内,臭氧浓度随高度的增加呈现先升高后降低的趋势。

3. 夜间高空臭氧污染严重

如图3-4所示,在高度小于1 000 m时,随着高度的升高,夜间(0至7时)臭氧浓度明显增大,并在750~1 000 m处出现最大值。1 000 m处与近地面臭氧浓度比值的日变化曲线如图3-6所示,可以发现该比值在夜间出现高值,在日出后迅速降低,在午后该比值最低可达约1.5;但该比值在日落后逐渐升高,在夜间,该比值始终大于3,并在凌晨6时达到最大值(约5.2)。这一现象表明夜间高空处存在严重的臭氧污染问题。

如图3-4所示,在高度大于1 000 m处,夜间(0~7时)臭氧浓度虽然有所降低,但相对于白天,臭氧浓度始终保持在相对较高的水平,甚至在凌晨1~3时出现了一个明显的峰值,使臭氧浓度日变化曲线呈现双峰分布,两个臭氧峰值浓度水平基本持平。夜间高空臭氧浓度出现峰值的原因主要是夜间高空的臭氧分解能力减弱。一方面,近地面 NO 在向上运输过程中逐渐氧化消耗;另一方面,由于夜间 NO_2 的光解反应无法进行[见式(3-1)], NO 无法得到补充。两方面的原因共同抑制了 NO 与臭氧的反应[见式(3-2)],导致在夜间高空出现与近地面不一致的臭氧浓度日变化趋势。

$$NO_2 \xrightarrow{\text{光}} NO + [O] \tag{3-1}$$

$$3NO + O_3 \rightarrow 3NO_2 \tag{3-2}$$

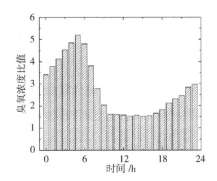

图 3-6　1 000 m 处与近地面的臭氧浓度比值的日变化情况

综上所述,夜间高空臭氧浓度水平明显高于近地面,出现这一现象的主要原因是夜间高空的臭氧分解能力减弱。

3.1.4　臭氧污染垂直分布的月变化规律

2019 年 5—10 月,天津市臭氧平均浓度随高度的分布如图 3-7 所示,可以发现各月份臭氧浓度随高度的增加,均出现先升高后降低的趋势,各月臭氧浓度的最大值均出现在对流层顶部区域(高度为 900~1 200 m),6、7 月的最大值达全年最高(臭氧浓度均超过 250 μg/m³),5、8、9 月次之,10 月明显降低。此外,在 7—10 月,臭氧平均浓度随高度的变化曲线在 2 400 m 附近交于一点,当高度大于 2 400 m 时,臭氧浓度随高度的变化趋势基本一致,且 7~10 月臭氧浓度明显高于 5—6 月。以上现象表明,夏季臭氧污染更集中地分布在较低的高度,秋季近地面臭氧污染程度虽然明显缓解,但在高空会形成高浓度的臭氧污染。

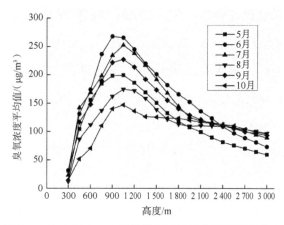

图 3-7　2019 年 5—10 月份臭氧平均浓度随高度的分布

2019 年 5—10 月天津市近地面与 300~3 000 m 高度的臭氧平均浓度如图 3-8 所示。可以发现,入秋后高空臭氧整体污染程度的降低明显慢于近地面的情况,但由于高空臭氧污染对近地面的影响减弱,因此秋季的近地面空气质量明显好转。

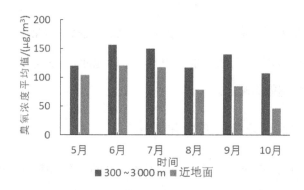

图 3-8　2019 年 5—10 月近地面与 300~3 000 m 高度的臭氧平均浓度

3.2　高空臭氧垂直对流现象出现频率及影响

前文 3.1 节已述,观测结果表明天津市高度约为 1 000 m 处的臭氧浓度水平远高于近地面。下面以 2019 年 9 月 1—10 日天津市出现的两次连续多日的臭氧污染为

例进行分析。2019 年 9 月 1—10 日天津市臭氧垂直分布如图 3-9 所示。在
300~1 800 m 的高度，自 9 月 1 日午后起出现高浓度臭氧污染带，在约 1 000 m 高度
处，臭氧浓度的最大值约为 300 μg/m³；入夜后，高空的臭氧污染没有完全消散，形成
了持续时间长达 9 日的高空臭氧污染。

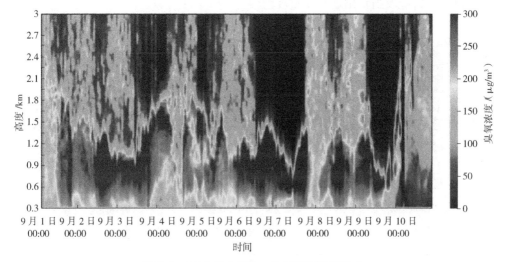

图 3-9　2019 年 9 月 1—10 日臭氧垂直分布

为了研究高空臭氧污染出现的频率，在 2018 年夏秋季开展了为期 3 个月的高空
臭氧污染的连续观测，期间天津市共出现臭氧污染 44 天，参照《环境空气质量标准》
（GB 3095—2012）规定的臭氧浓度二级限值，在出现臭氧污染的 44 天内，
300~3 000 m 的高度均有臭氧污染出现，这一现象表明，天津市高空会出现持续多日
的高浓度臭氧污染，且高空臭氧污染往往与近地面臭氧污染相伴出现。

2018 年，在夏秋季观测期间的 44 个臭氧污染日中，总计在 23 个污染日（占总天
数的 52%）中出现了明显的高空臭氧污染物的垂直对流现象，且高空与近地面臭氧
污染物发生混合。当高空臭氧污染物出现强烈的下沉对流现象时，会对近地面空气
质量造成严重的影响，导致近地面臭氧污染程度明显加深。此类现象出现十分频繁，
此处仅举两例，表明高空臭氧污染会对近地面空气质量造成严重的影响。7 月 22 日
午后，天津市出现了一次高空与近地面臭氧污染物混合的情况，其臭氧垂直分布与近

地面臭氧浓度如图 3-10 所示,其中低对流层臭氧浓度明显升高,导致午后近地面臭氧浓度始终保持在峰值水平,并持续至 20 时左右,造成臭氧日最大 8 小时平均浓度升高,出现臭氧中度污染。2018 年 8 月 9—13 日的臭氧浓度反演结果如图 3-11 所示,由图可知 8 月 10 日午后出现高空臭氧污染物的下沉对流现象,导致近地面臭氧浓度大幅升高,造成当日出现臭氧重度污染。

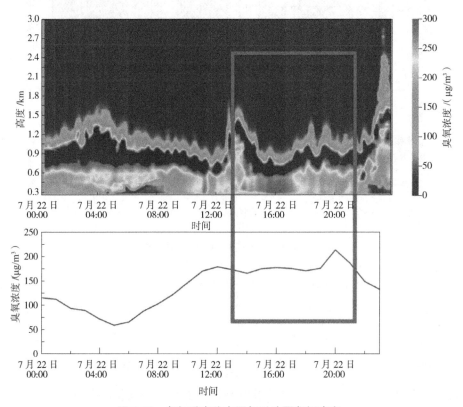

图 3-10　臭氧垂直分布图与近地面臭氧浓度

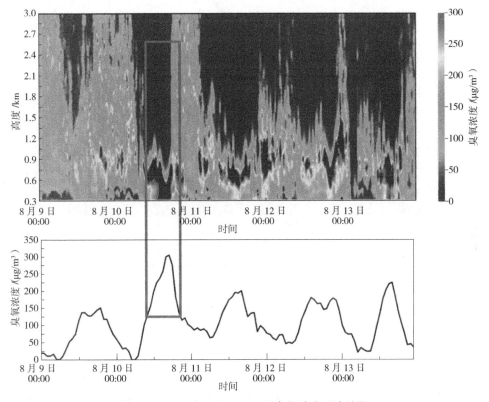

图 3-11　2018 年 8 月 9—13 日臭氧浓度反演结果

　　由长期观测结果可知,在适当的气象条件下,存在于高空的高浓度臭氧污染物能够通过大气垂直对流作用,下沉至近地面,导致近地面臭氧污染程度明显加深,此类现象在夏季出现得较为频繁。如图 3-12 所示为 2018 年 9 月 10—14 日,天津市臭氧浓度反演数据,可观测到入秋后的大气在垂直方向的对流作用减弱,因而高空臭氧污染物对近地面空气质量的影响也有所减弱,这也是入秋后臭氧污染明显好转的原因之一。

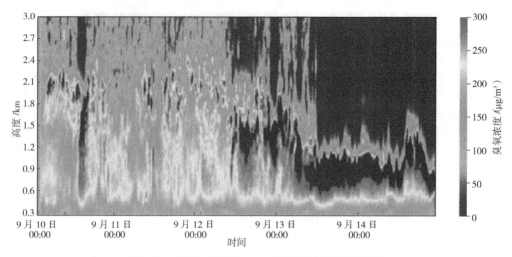

图 3-12　2018 年 9 月 10—14 日臭氧浓度反演数据

3.3　高空臭氧垂直对流现象与主导风向间的关系

　　基于 2018 年夏秋季臭氧污染的长期观测结果,研究每个臭氧污染日臭氧浓度峰值时段的传输特征。2018 年 6 月 23 日—9 月 28 日各臭氧污染日的后向轨迹如图 3-13 所示,由此可以发现天津市臭氧污染多出现在主导风向为西南/偏南风条件下,表明臭氧污染受观测点位西南/南部区域(静海区、河北省、山东省等地)污染物的影响十分明显。而在污染过程的最后一日,随着风向转变,西南/南部区域臭氧污染物对天津市的影响减弱,臭氧污染事件随之结束。2018 年 6 月 23 日—9 月 28 日臭氧污染时段与清洁时段风向玫瑰图如图 3-14 所示。对臭氧污染时段和清洁时段观测点位风向的分布情况进行统计,可以发现臭氧污染天气与清洁天气的风向条件具有显著差异。在臭氧污染时段,出现西南、南和东南三种风向条件的占比达到 63%,明显高于清洁天气出现这三种风向的情况(42%),表明天津市在这几种风向条件下,受上风向区域传输作用的影响十分明显。

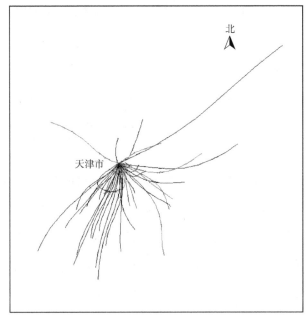

图 3-13　2018 年 6 月 23 日—9 月 28 日各臭氧污染日的后向轨迹图

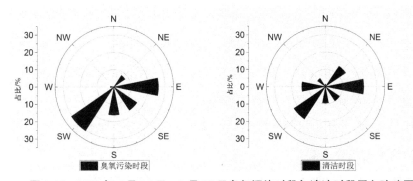

图 3-14　2018 年 6 月 23 日—9 月 28 日臭氧污染时段与清洁时段风向玫瑰图

通过对天津市臭氧污染垂直分布情况的长期观测,可将天津市高空臭氧污染与水平主导风向间的影响关系大致分为三类。

(1)臭氧污染受西南/南风主导风向控制。此类臭氧污染过程出现在主导风向为西南/南风主导风向条件下,风力水平多在 15 km/h 以上,臭氧污染物在 2~5 h 内即可由上风向的静海区及河北省沧州、衡水、保定等地传输至天津市内观测点位,天津市臭氧污染水平明显受到上风向静海区及周边城市区域传输作用的影响。在臭氧污染事件最后一日,往往出现主导风向由西南/南风转为东南/西北风,或风速水平显著降低的现象,抑制了区域传输作用对天津市臭氧污染的影响,随后臭氧污染事件结束。在观测时段内,轻度污染和中度污染天气的占比分别约为58%和42%。在此类天气下,大气对流运动主要以水平传输为主,高空臭氧污染物的垂直对流现象对近地面空气质量的影响较小。

（2）臭氧污染受本地生成控制。此类臭氧污染过程多出现在低风速气象条件下,风力水平一般低于10 km/h,甚至低于5 km/h,臭氧污染主要由本地光化学反应控制。在此类臭氧污染过程中,轻度、中度和重度污染天气的占比分别约为76%、18%、6%。在此类天气下,大气的水平传输作用较弱,多出现垂直对流现象。其中,在臭氧污染仅受本地光化学反应影响时,一般出现轻度污染天气,但在高空臭氧污染物出现下沉对流现象时,可造成近地面臭氧污染加重,例如在2018年8月1—3日、8月10日,观测到高空大气强烈的下沉对流运动,导致近地面出现中、重度污染天气的现象。

（3）臭氧污染受东/东北风主导风向控制。此类臭氧污染过程出现的频率较低,臭氧污染受到上风向河北唐山等地的影响,污染程度均为轻度。其中高空臭氧污染物的垂直对流现象仅出现1次,由于此类天气出现概率较低,通过现有数据难以判断高空臭氧污染对近地面空气质量的影响程度。

综上所述,可知天津市臭氧污染受到本地光化学反应、区域传输、高空臭氧污染物垂直对流现象的综合影响。

（1）在臭氧污染受本地生成控制时,一般出现轻度污染天气,但在此类天气下,高空大气多出现明显的下沉对流现象,加重近地面臭氧污染的程度,导致中、重度污染天气的出现。

（2）当天津市受西南/南风主导风向控制,区域传输作用显著时,多出现轻、中度污染天气,其中中度污染天气的占比约为42%。在此类天气下,大气对流运动主要以水平传输为主,高空臭氧污染物的垂直对流现象对近地面空气质量的影响较小。

　　针对本地生成与区域传输控制的臭氧污染天气,天津市应分别开展研究,分析高空臭氧污染及本地光化学反应对空气质量的影响,并针对不同的传输特征,制定差异化的 VOCs、NO$_x$ 减排政策。同时,由于静海区、西青区在西南/南风条件下处于天津市的上风向区域,建议天津市在该风向条件下,在西青区、静海区加大臭氧前体物减排力度,减小区域传输作用对天津市臭氧污染的影响。同时,建议在京津冀地区开展协同减排,在西南/南风条件下减少区域内臭氧污染物及其前体物的排放水平,有效降低该风向条件下的区域性臭氧污染程度。

第 4 章　以激光雷达、数值模拟技术为基础的臭氧污染综合分析方法研究

本章旨在介绍一种将臭氧污染立体观测与数值模拟技术相结合的臭氧污染综合分析方法。本章首先介绍基于观测的臭氧污染模型；然后以 2019 年 9 月上旬天津市出现的持续性臭氧污染为例，研究光化学反应及高空臭氧污染对空气质量的影响；最后基于数值模拟方法，对臭氧污染的光化学敏感性进行研究，分析人为源 VOCs 与 NO_x 减排对臭氧污染的影响，为开展城市臭氧污染防治提供科学依据。

4.1　基于观测的臭氧污染模型简介

4.1.1　基于观测的臭氧污染模型

构建基于观测的臭氧污染模型（OBM），该模型是一种光化学盒子模型，模型假设盒子内 O_3、VOCs、NO_x、CO 等污染物充分混合，在污染物实测数据的约束下，模拟一日内的大气化学反应过程，以此反推 VOCs、NO_x 等污染物的源效应。模型采用碳键机制（CB-Ⅳ）对大气化学反应过程进行模拟。通过设定不同的臭氧前体物减排情境，对源效应数据进行不同削减比例的模拟，分析不同减排情境下的大气化学反应过程，同时对几个描述臭氧敏感性的重要指标进行计算。这些指标主要包括臭氧生成潜势（ P_{O_3-NO} ）、增量反应性（IR）和相对增量反应性（RIR）。

1.臭氧生成潜势（ P_{O_3-NO} ）

臭氧生成潜势（ P_{O_3-NO} ）是 7 时至 19 时的 12 个小时内，O_3 的净生成与 NO 的净

消耗总和。

其中，O_3 的生成反应的机理反应为

$$[O] \rightarrow O_3$$

O_3 的消耗反应的机理反应主要包含如下反应：

$$O_3 + NO \rightarrow NO_2$$

$$NO_2 + O_3 \rightarrow NO_3$$

$$O_3 \xrightarrow{\text{光}} O$$

$$O_3 \xrightarrow{\text{光}} O_1D$$

$$O_3 + OH^\cdot \rightarrow HO_2^\cdot$$

$$O_3 + HO_2^\cdot \rightarrow OH^\cdot$$

$$O_3 + OLE \rightarrow 0.5ALD2 + 0.74FORM + 0.22XO_2^\cdot + 0.1OH^\cdot + 0.33CO + 0.44HO_2^\cdot - PAR$$

$$O_3 + ETH \rightarrow FORM + 0.42CO + 0.12HO_2^\cdot$$

$$O_3 + OPEN \rightarrow 0.03ALD2 + 0.62C_2O_3^\cdot + 0.7FORM + 0.03XO_2^\cdot + 0.69CO + 0.08OH^\cdot + 0.76HO_2^\cdot + 0.2MGLY$$

$$O_3 + ISOP \rightarrow FORM + 0.44HO_2^\cdot + 0.1PAR + 0.77ETH + 0.2MGLY + 0.4ALD2 + 0.06CO$$

NO 的消耗反应的机理反应包含如下反应：

$$O_3 + NO \rightarrow NO_2$$

$$O + NO \rightarrow NO_2$$

$$NO_3 + NO \rightarrow 2NO_2$$

$$NO + NO \rightarrow 2NO_2$$

$$NO + NO_2 + H_2O \rightarrow 2HONO$$

$$NO + OH^\cdot \rightarrow HONO$$

$$HO_2^\cdot + NO \rightarrow OH^\cdot + NO_2$$

$$C_2O_3^{\cdot} + NO \rightarrow FORM + NO_2 + CO + XO_2^{\cdot}$$

$$TO_2 + NO \rightarrow 0.9NO_2 + 0.9HO_2 + 0.9OPEN + 0.1NTR$$

上述反应式中：O 为基态氧原子，NO 为一氧化氮，NO_3 为三氧化氮，O_1D 为激发态氧原子（氧原子中的 1 个电子由 2s 轨道激发到 2d 轨道），$OH^{\cdot}$ 为羟自由基，$HO_2^{\cdot}$ 为过氧化氢自由基，OLE 为高碳烯烃碳键，ALD_2 为乙醛，FORM 为甲醛，$XO_2^{\cdot}$ 为过氧自由基，PAR 为饱和碳键，ETH 为乙烯，OPEN 为芳环裂解生成的二羰基化合物，$C_2O_3^{\cdot}$ 为过氧酰基自由基，MGLY 为甲基乙二醛，ISOP 为异戊二烯，HONO 为气态亚硝酸，TO_2 为羟基甲苯的过氧化产物，NTR 为有机硝酸盐。

臭氧生成潜势是上述各反应中 O_3 和 NO 浓度变化的总和效应。以图 4-1 所示 2019 年 9 月 2 日臭氧生成潜势变化趋势为例，臭氧生成潜势在模拟起始时刻为 0，约在 12 时后快速升高，在 17—18 时达到最大值。

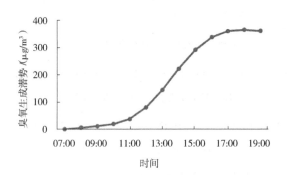

图 4-1　2019 年 9 月 2 日臭氧生成潜势变化趋势

2. 增量反应性（IR）

增量反应性（IR）为 7 时至 19 时的 12 个小时内，某一臭氧前体物 X 的每单位源效应改变量造成的臭氧生成潜势的变化量。增量反应性用于对比多种前体物在相同源效应变化比例下，对于臭氧生成作用的影响，公式为

$$IR(X) = \frac{\Delta P_{O_3 - NO}(X)}{\Delta S(X)} \tag{4-1}$$

式中：X 为某一特定臭氧前体物，如 VOCs、NO_x 等；$\Delta S(X)$ 为源效应变化量；

$\Delta P_{O_3-NO}(X)$ 为由于源效应变化造成的臭氧生成潜势的变化。

3. 相对增量反应性(RIR)

相对增量反应性(RIR)表示某一臭氧前体物 X 在某一特定的源效应变化百分比下,臭氧生成潜势变化的百分比。相对增量反应性与增量反应性相似,用于对比多种前体物在相同源效应变化比例下,对于臭氧生成作用的影响,公式为

$$RIR(X) = \frac{\dfrac{\Delta P_{O_3-NO}(X)}{P_{O_3-NO}(X)}}{\dfrac{\Delta S(X)}{S(X)}} \tag{4-2}$$

应用相对增量反应性,可以设定不同的减排情境,如在 VOCs、NO_x 减排 10% 的情况下,对比分析臭氧生成潜势的变化,探寻最优减排情境,为环保部门制定最优减排政策提供数据支撑。

4.1.2　输入数据

使用 OBM 能够对研究点位在一日内 7—19 时的臭氧污染过程进行模拟。设置模型计算的初始条件时,需要将模拟日期,模拟点位的经纬度,逐小时的温度数据,逐小时的 O_3、NO、NO_2、CO、VOCs、大气亚硝酸(HONO)、NO_2 光解速率常数[J(NO_2)]等的观测数据,以及模拟日期的最小和最大混合层高度,混合层上方臭氧浓度等参数输入程序。

表 4-1　污染物与气象条件监测设备汇总表

序号	测量指标	设备	数据分辨率	测量方式
1	温度等气象六参数	中环天仪 DZZ6	1 min	在线
2	O_3	Thermo 49i	1 min	在线
3	高空 O_3	怡孚和融 O_3 Finder	15 min	在线
4	NO、NO_2、NO_x	Thermo 42i	1 min	在线
5	CO	Thermo 48i	1 min	在线
6	VOCs(PAMs 组分)	AMA GC5000	1 h	在线
7	HONO	中科光电亚硝酸(HONO)在线分析仪	1 h	在线

序号	测量指标	设备	数据分辨率	测量方式
8	$J(NO_2)$	Metcon J(NO₂)4-pi	1 min	在线

各项数据中,逐小时的温度数据,逐小时的 O_3、NO、NO_2、CO、HONO、$J(NO_2)$ 直接通过表 4-1 所列设备获得,将分钟数据转为小时平均数据后,输入程序。

最小和最大混合层高度可由表 4-1 所列臭氧激光雷达的 316 nm 消光系数进行判断,混合层上方的臭氧浓度可通过臭氧激光雷达的反演数据获得。

环境空气中的 VOCs 污染物的化学成分十分复杂,难以通过大气化学反应机理全部对每一种 VOCs 污染物参与的全部化学反应进行模拟。因此,在模拟分析过程中,需要根据 VOCs 的分子结构或大气化学反应活性,将数量众多的 VOCs 污染物进行分类整合,将种类繁杂的 VOCs 替换为可用于模拟计算的若干种替代物质,本书将这些替代物质称为机理物种。在 OBM 中,需要将 VOCs 的监测浓度转为甲醛(FORM)、乙醛(ALD2)、饱和碳键(PAR)、高碳烯烃碳键(OLE)、乙烯(ETH)、甲苯(TOL)、二甲苯(XYL)、异戊二烯(ISOP)8 种机理物种的浓度,VOCs 与 OBM 中机理物种对应关系如表 4-2 所示。

表 4-2　VOCs 与 OBM 中机理物种对应关系

VOCs	FORM	ALD₂	PAR	OLE	ETH	TOL	XYL	ISOP
乙烷	0	0	0.4	0	0	0	0	0
乙烯	0	0	0	0	1	0	0	0
丙烷	0	0	1.5	0	0	0	0	0
丙烯	0	0	1	1	0	0	0	0
异丁烷	0	0	4	0	0	0	0	0
正丁烷	0	0	4	0	0	0	0	0
反-2-丁烯	0	2	0	0	0	0	0	0
1-丁烯	0	0	2	1	0	0	0	0
异丁烯	0	0	2	1	0	0	0	0
顺-2-丁烯	0	2	0	0	0	0	0	0

续表

VOCs	FORM	ALD2	PAR	OLE	ETH	TOL	XYL	ISOP
异戊烷	0	0	5	0	0	0	0	0
正戊烷	0	0	5	0	0	0	0	0
1,3-丁二烯	0	0	0	2	0	0	0	0
反-2-戊烯	0	2	1	0	0	0	0	0
顺-2-戊烯	0	2	1	0	0	0	0	0
2-甲基戊烷	0	0	6	0	0	0	0	0
异戊二烯	0	0	0	0	0	0	0	1
2,2-二甲基丁烷	0	0	5	0	0	0	0	0
2,3-二甲基丁烷	0	0	6	0	0	0	0	0
1-戊烯	0	0	3	1	0	0	0	0
正己烷	0	0	6	0	0	0	0	0
苯	0	0	1	0	0	0	0	0
正庚烷	0	0	7	0	0	0	0	0
甲苯	0	0	0	0	0	1	0	0
正辛烷	0	0	8	0	0	0	0	0
乙苯	0	0	1	0	0	1	0	0
间/对二甲苯	0	0	0	0	0	0	1	0
邻二甲苯	0	0	0	0	0	0	1	0
1,3,5-三甲基苯	0	0	1	0	0	0	1	0
1,2,4-三甲基苯	0	0	1	0	0	0	1	0
1,2,3-三甲基苯	0	0	1	0	0	0	1	0
环戊烷	0	0	5	0	0	0	0	0
甲基环戊烷	0	0	6	0	0	0	0	0
3-甲基戊烷	0	0	6	0	0	0	0	0
2,3-二甲基戊烷	0	0	7	0	0	0	0	0
2,4-二甲基戊烷	0	0	7	0	0	0	0	0
2,3,4-三甲基戊烷	0	0	8	0	0	0	0	0
2,2,4-三甲基戊烷	0	0	7	0	0	0	0	0
环己烷	0	0	6	0	0	0	0	0
甲基环己烷	0	0	7	0	0	0	0	0
3-甲基庚烷	0	0	8	0	0	0	0	0

VOCs	FORM	ALD2	PAR	OLE	ETH	TOL	XYL	ISOP
2-甲基己烷	0	0	7	0	0	0	0	0
2-甲基庚烷	0	0	8	0	0	0	0	0
3-甲基己烷	0	0	7	0	0	0	0	0
正壬烷	0	0	9	0	0	0	0	0
正癸烷	0	0	10	0	0	0	0	0
正十一烷	0	0	11	0	0	0	0	0
正十二烷	0	0	12	0	0	0	0	0
苯乙烯	0	0	1	1	0	0	0	0
1-己烯	0	0	4	1	0	0	0	0
临乙基甲苯	0	0	2	0	0	1	0	0
间乙基甲苯	0	0	2	0	0	1	0	0
对乙基甲苯	0	0	2	0	0	1	0	0
间二乙苯	0	0	2	0	0	0	1	0
对二乙苯	0	0	2	0	0	0	1	0
正丙苯	0	0	2	0	0	1	0	0
异丙苯	0	0	2	0	0	1	0	0

4.1.3 非光解反应速率系数

通过温度对模拟时间的插值函数,计算当前时刻的温度,之后参照下式建立 82 个化学反应的速率系数 $[R(i)]$。其中,71 个非光解反应的速率系数被保留,11 个光解反应的速率系数在后续计算中被覆盖。

$$R(i) = A(i) \cdot \exp\left[S(i) \cdot \left(\frac{1}{298} - \frac{1}{T} \right) \right] \tag{4-3}$$

式中:$A(i)$ 为单位浓度反应物在 298 K 时的速率系数($\text{ppm}^{-n} \cdot \text{min}^{-1}$,其中 ppm 为体积分数单位,表示百万分之一,$n$ 为反应物个数);$S(i)$ 为化学反应速率的温度修正系数,当 $S=0$ 时,温度对反应速率无影响,以 O_3 的生成反应为例,O_3 生成反应速率系数 $R(i)$ 随温度的变化如图 4-2 所示;T 为当前时刻的温度(K)。

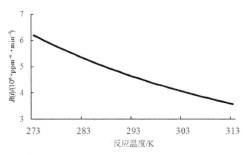

图 4-2　O_3 生成反应速率系数 $R(i)$ 随温度的变化

　　由此,可以计算在模拟过程中,各个时间点的 71 个非光解反应速率系数,如图 4-2 所示。将该系数与各反应物浓度及生成物系数相乘,可以得到单位时间内某一生成物的浓度变化量。

4.1.4　光解反应速率系数

　　光解反应速率系数计算流程如图 4-3 所示,对 NO_2 的光解反应及其余 10 个光解反应分别计算,详细计算过程如下。

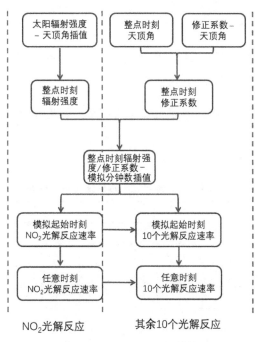

图 4-3　光解反应速率系数计算流程

（1）建立 11 个光解反应的 P 值（表示光解反应 i 的速率系数在不同太阳辐射强度变化条件下的修正系数）与天顶角[$Z(n)$, $n=1\sim10$, 单位为°]间的对应关系, 存储于 $PP(n,i)$ 数组, 11 个光解反应的 P 值与天顶角间的对应关系如表 4-3 所示。

表 4-3　11 个光解反应 P 值与天顶角间的对应关系

天顶角（°）	$PP(n,i)$	$i=1$	$i=2$	$i=3$	$i=4$	$i=5$	$i=6$	$i=7$	$i=8$	$i=9$	$i=10$	$i=11$
0	$n=1$	1	1	0.004 61	1	1	0.005 75	0.003 70	0.005 75	0.000 589	0.003 70	0.004
10	$n=2$	1	1	0.004 48	1	1	0.005 73	0.003 66	0.005 73	0.000 578	0.003 66	0.004
20	$n=3$	1	1	0.004 13	1	1	0.005 67	0.003 56	0.005 67	0.000 550	0.003 56	0.004
30	$n=4$	1	1	0.003 59	1	1	0.005 54	0.003 40	0.005 54	0.000 502	0.003 40	0.003
40	$n=5$	1	1	0.002 87	1	1	0.005 35	0.003 14	0.005 35	0.000 435	0.003 14	0.003
50	$n=6$	1	1	0.002 08	1	1	0.005 08	0.002 80	0.005 08	0.000 355	0.002 80	0.003
60	$n=7$	1	1	0.001 235	1	1	0.004 63	0.002 334	0.004 63	0.000 257	0.002 334	0.002
70	$n=8$	1	1	0.000 540	1	1	0.004 01	0.001 738	0.004 01	0.000 158	0.001 738	0.002
78	$n=9$	1	1	0.000 220	1	1	0.003 47	0.001 280	0.003 47	0.000 091	0.001 280	0.001
86	$n=10$	1	1	0.000 130	1	1	0.005 25	0.001 770	0.005 25	0.000 094	0.001 770	0.002

（2）计算自模拟时间起 24 小时内, 每小时整点时刻的天顶角[$XZ(m)$, $m=1\sim24$], 同时计算模拟日期的日出和日落时间。

（3）对于 NO_2, 通过三次样条函数建立太阳辐射强度[$RTCON(n)$, $n=1\sim10$]-天顶角的插值参数（表 4-4）。

表 4-4　天顶角与太阳辐射强度对应关系

n	天顶角/°	太阳辐射强度
1	0	0.518 3
2	10	0.509 5
3	20	0.482 6
4	30	0.437 3
5	40	0.373 1
6	50	0.292 9

n	天顶角/°	太阳辐射强度
7	60	0.200 9
8	70	0.110 6
9	78	0.053 2
10	86	0.015 2

对于其余 10 个光解反应,通过三次样条函数建立 $PP(n,i)$-天顶角的插值参数,其中 n=1~10,i=2~11。

（4）对于 NO_2,通过太阳辐射强度-天顶角的插值函数,计算各个整点时刻的光强 $[P(m,1),m$=1~24$]$。

对于其余光解反应,通过 $PP(n,i)$-天顶角的插值函数,计算各个整点时刻的修正系数$[P(m,i),m$=1~24,i=2~11$]$。

（5）对于全部 11 个光解反应,以 60 分钟为间隔,通过三次样条函数计算 $P(m,i)$-模拟分钟数 $T(m)$ 的插值参数 $CF(3m-2,i)$、$CF(3m-1,i)$、$CF(3m,i)$,其中 m=1~24,i=1~11。模拟过程中各整点时刻对应的模拟分钟数如表 4-5 所示。

表 4-5　模拟过程中各整点时刻对应的模拟分钟数

时间	模拟分钟数	时间	模拟分钟数
7:00	0	14:00	420
8:00	60	15:00	480
9:00	120	16:00	540
10:00	180	17:00	600
11:00	240	18:00	660
12:00	300	19:00	720
13:00	360		

（6）对于 NO_2 的光解反应,在模拟起始时刻的速率系数如下。

$$R(1) = P(1,1) \cdot A[iph(1)] \tag{4-4}$$

式中: $iph(i)$ 为记录 11 个光解反应在 82 个机理反应中对应的序号, iph 数值见表

4-6；$A[iph(1)]$ 为单位太阳辐射强度下，NO_2 光解反应的速率系数，数值由化学反应机理给出；$P(1,1)$ 为模拟起始时刻的太阳辐射强度；$R(1)$ 为模拟起始时刻 NO_2 光解反应的速率系数（min^{-1}）。

表 4-6 iph 数值

i	$iph(i)$	i	$iph(i)$
1	1	7	38
2	8	8	39
3	9	9	45
4	14	10	69
5	23	11	74
6	34		

（7）对于其余 10 个光解反应，在模拟起始时刻的速率系数计算公式如下，根据光解反应 i 与 NO_2 光解反应的比例关系进行计算。

$$R[iph(i)] = P(1,i) \cdot A[iph(i)] \cdot R(1), i = 2, \cdots, 11 \qquad (4\text{-}5)$$

式中：$R(1)$ 为模拟起始时刻 NO_2 光解反应的速率系数（min^{-1}）；$A[iph(i)]$ 为单位光强下，光解反应 i 的速率系数与 NO_2 光解反应速率系数的比值关系，数值由化学反应机理给出；$P(1,i)$ 为光解反应 i 的速率系数在不同光强变化条件下的修正系数，i=2~11。

（8）对于 NO_2 的光解反应，在其余任意时刻 T 的速率系数，需根据当前模拟分钟数选定适当的插值参数，计算 $R(1)$。

$$R(1) = [z^3 \cdot CF(3m-3,1) + z^2 \cdot CF(3m-4,1) + z \cdot CF(3m-5,1) + P(m-1,1)] \cdot$$
$$A[iph(1)] \qquad (4\text{-}6)$$

$$z = \frac{T}{60} - \text{int}\left(\frac{T}{60}\right) \qquad (4\text{-}7)$$

$$m = \text{int}\left(\frac{T}{60}\right) + 2 \qquad (4\text{-}8)$$

式中：int 表示向下取整；z 为当前的模拟时刻 T 所在插值函数段的位置。

（9）对于其余 10 个光解反应，在任意时刻 T 的速率系数，需根据当前模拟分钟数选定适当的插值参数，计算 $R[iph(i)]$，$i = 2,\cdots,11$。

$$R[iph(i)] = [z^3 \cdot CF(3m-3,1) + z^2 \cdot CF(3m-4,1) + z \cdot CF(3m-5,1) +$$
$$P(m-1,1)] \cdot A[iph(1)] \cdot R(1) \qquad （4\text{-}9）$$

$$z = \frac{T}{60} - \text{int}\left(\frac{T}{60}\right) \qquad （4\text{-}10）$$

$$m = \text{int}\left(\frac{T}{60}\right) + 2 \qquad （4\text{-}11）$$

式中：int 表示向下取整；z 为当前的模拟时刻 T 所在插值函数段的位置。

至此，可以实现全部 82 个化学反应在模拟过程中任意时刻的化学反应速率系数的计算。

4.1.5 机理物种的初始浓度

在表 4-7 所示的物质中，O_3、CO、NO、NO_2、FORM、ALD2、PAR、OLE、ETH、TOL、XYL、ISOP 的初始浓度为实际观测浓度的输入数据，其余中间体物种的初始浓度参照文献结果设定。其中，H_2O 和二次烷氧基自由基（RORP）需设定为非零值（见表 4-7）。

表 4-7 部分机理物种初始浓度

机理物种	初始浓度（ppm）
H_2O	2.00×10^4
RORP	1.00×10^{-11}

注：ppm 为体积分数单位，表示百万分之一。

4.1.6 机理物种浓度及源效应数据

OBM 模拟过程主要分为三个步骤。第一步，在 O_3、VOCs、NO_x、CO 等污染物实测数据的约束下，模拟一日内 7—19 时的大气化学反应过程，以此反推 VOCs、NO_x 等污染物的源效应数据；第二步，以所得的源效应数据为基础，根据设定的每一个减排情境,形成新的源效应数据;第三步,以第一步或第二步所得的源效应数据为起始条件,对一日内7—19时的大气化学反应过程进行模拟,研究在不同前体物减排情境下的臭氧污染特征。

在第一步模拟过程中,主要通过污染物的实际观测结果反推源效应数据。首先,以各个观测物种逐小时的实际浓度作为约束条件,通过吉尔(Gear)算法计算体系中的其他各模拟物种浓度随时间变化的雅可比(Jacobian)矩阵,进而计算各污染物的光化学反应生成量,对于各个观测污染物,分析出由大气光化学反应导致的浓度变化。其次,根据混合层高度的变化情况,计算由混合层高度变化导致的各个观测污染物的浓度变化。在此基础上,建立各个观测污染物的源效应数据,如下所示。第一步模拟过程示意图如图4-4所示。

$$C_{\text{source}} = C_{\text{obs}} - C_{\text{reaction}} - C_{\text{mixed-layer}} \tag{4-12}$$

式中:C_{source} 为源效应数据,代表源排放效应及传输作用导致的各污染物的浓度变化;C_{obs} 为各观测污染物的实际浓度;C_{reaction} 为大气化学反应导致的各污染物的浓度变化;$C_{\text{mixed-layer}}$ 为混合层高度变化导致的各污染物的浓度变化。

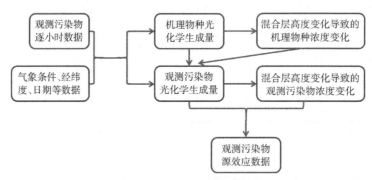

图 4-4　第一步模拟过程示意

第三步模拟过程与第一步基本相同,差别在于第一步以各个观测污染物逐小时的实际浓度作为约束条件,第三步仅以观测污染物的起始浓度作为约束条件。对全部机理物种光化学生成量、混合层高度变化导致的浓度变化进行模拟,同时以第一步或第二步生成的源效应数据作为输入数据,对不同减排情境下臭氧浓度变化的情况进行模拟分析,计算臭氧生成潜势。第三步模拟过程示意图如图 4-5 所示。

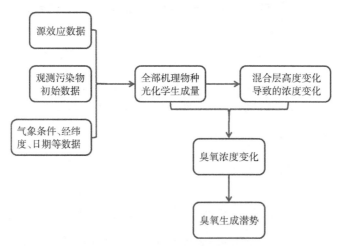

图 4-5　第三步模拟过程示意

4.1.7　模型分析准确性

以 2019 年 9 月 1—9 日天津市的臭氧污染过程为例,通过 OBM 计算每日的臭氧污染变化趋势。2019 年 9 月 1—9 日臭氧浓度模拟结果与观测结果对比如图 4-6 所示,其中除 9 月 8 日模拟结果与实际观测结果偏差较大以外,在其余时段逐小时模拟结果与观测结果间的相对误差水平为-14%~17%,两者间相关系数达到 0.97,具有良好的一致性,模拟结果与实际观测结果相比约偏低 2%,这说明所搭建的 OBM 能够较好地反映天津市臭氧污染的变化特征。

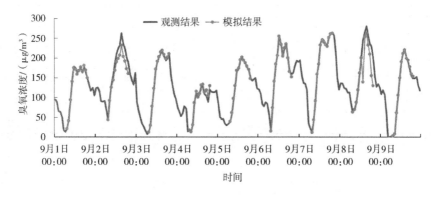

图 4-6　2019 年 9 月 1—9 日臭氧浓度模拟结果与观测结果对比

4.2　光化学反应及高空臭氧污染对空气质量的影响研究

以 2019 年 9 月 1—9 日天津市出现的持续性臭氧污染过程为例,分析光化学反应及区域传输作用对臭氧污染的影响。

4.2.1　污染情况概述

2019 年 9 月 1—9 日天津市滨水西道周边各项污染物浓度及综合指数如表 4-8 所示,其中在 9 月 1—3 日出现臭氧轻度污染;4—5 日污染程度短时间好转,空气质量为良;在 6—9 日先后出现 3 日中度污染和 1 日轻度污染,至 9 月 10 日臭氧污染最终消散。污染期间,臭氧浓度对综合指数的贡献率为 23%~27%,对空气质量影响显著。2019 年 9 月 1—10 日臭氧浓度变化如图 4-7 所示。

表 4-8　9 月 1—9 日天津市滨水西道周边各项污染物浓度及综合指数

日期	SO_2 /($\mu g/m^3$)	NO_2 /($\mu g/m^3$)	PM_{10} /($\mu g/m^3$)	$PM_{2.5}$ /($\mu g/m^3$)	CO /(mg/m^3)	O_3 /($\mu g/m^3$)	综合指数
2019-09-01	9.0	36.8	57.5	25.8	1.1	169.5	3.96
2019-09-02	6.5	28.0	74.9	48.3	1.1	198.9	4.77
2019-09-03	7.3	32.3	69.4	55.4	1.1	204.5	5.05
2019-09-04	7.7	35.9	56.8	26.8	0.9	137.5	3.69
2019-09-05	7.6	34.9	61.0	28.3	0.8	159.6	3.88
2019-09-06	5.5	31.3	87.8	57.8	0.9	217.4	5.36
2019-09-07	4.9	26.9	93.5	72.5	0.9	236.3	5.87
2019-09-08	9.7	28.3	89.9	48.8	1.0	220.4	5.18
2019-09-09	6.1	30.3	90.7	56.0	1.1	205.3	5.31

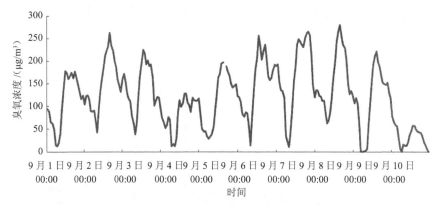

图 4-7　2019 年 9 月 1—10 日臭氧浓度变化

4.2.2　区域光化学反应对臭氧浓度的影响

通过 OBM，根据逐小时的 VOCs、NO_x、O_3 等污染物的浓度，能够模拟由光化学反应导致的臭氧净生成情况，但由于 OBM 属于盒子模型，无法区分是由本地排放的前体物还是由外来输送的前体物导致的臭氧生成，因此模拟所得的结果代表了区域性污染物排放通过大气光化学反应对臭氧浓度的贡献。

以 2019 年 9 月 1—9 日为例，通过 OBM 对每天的臭氧污染过程进行模拟（其中由于 9 月 8 日模拟臭氧浓度与实测数据偏差较大，未进行计算），并分析每日的光化学反应生成量。其中，光化学反应生成量是构成臭氧观测浓度的一部分，代表 VOCs、NO_x、CO 等前体物仅由大气化学反应造成臭氧浓度变化。2019 年 9 月 1—7 日、9 日臭氧光化学生成量变化与观测浓度变化如图 4-8 至图 4-15 所示，在图中可以发现以下特征。

（1）在每日 8—12 时，臭氧的光化学生成量模拟浓度一般小于观测浓度，表明臭氧的生成反应速度在上午时段较慢，臭氧浓度的升高受到一定的区域传输的影响。

（2）臭氧光化学生成量模拟浓度的最大值一般出现于 15—17 时，在该时段臭氧的光化学生成量模拟浓度普遍高于观测浓度，其中在 9 月 1、6 和 9 日大幅高于观测浓度。上述现象表明，在午后光化学反应的作用下，现有的 VOCs、NO_x 等臭氧前体物污染水平能够产生比观测浓度更高的臭氧浓度，但由于生成的臭氧污染物逐渐在主导风作用下扩散,所以臭氧观测浓度低于光化学生成量模拟浓度。

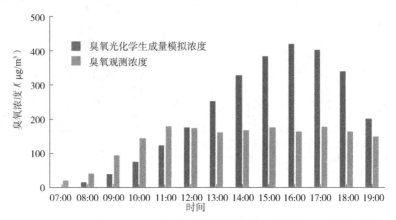

图 4-8 2019 年 9 月 1 日臭氧光化学生成量模拟浓度与观测浓度对比

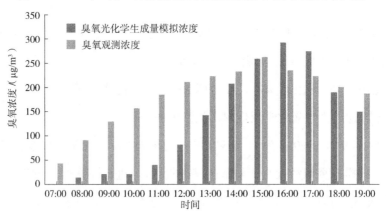

图 4-9 2019 年 9 月 2 日臭氧光化学生成量模拟浓度与观测浓度对比

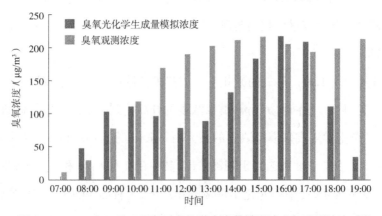

图 4-10 2019 年 9 月 3 日臭氧光化学生成量模拟浓度与观测浓度对比

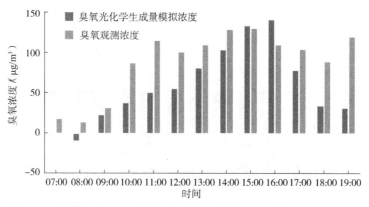

图 4-11 2019 年 9 月 4 日臭氧光化学生成量模拟浓度与观测浓度对比

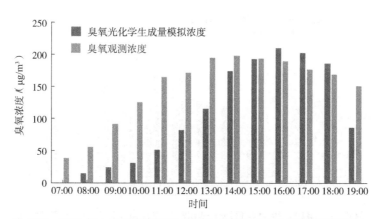

图 4-12 2019 年 9 月 5 日臭氧光化学生成量模拟浓度与观测浓度对比

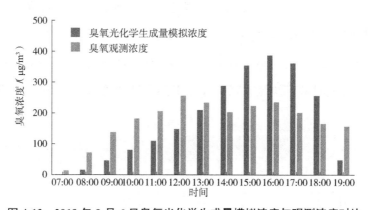

图 4-13 2019 年 9 月 6 日臭氧光化学生成量模拟浓度与观测浓度对比

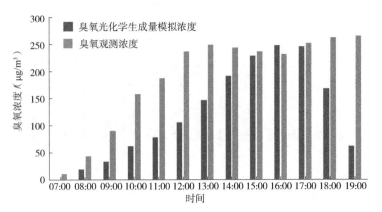

图 4-14　2019 年 9 月 7 日臭氧光化学生成量模拟浓度与观测浓度对比

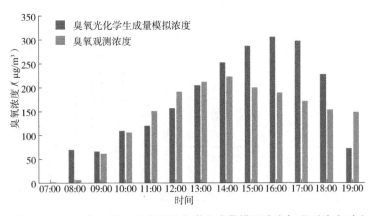

图 4-15　2019 年 9 月 9 日臭氧光化学生成量模拟浓度与观测浓度对比

　　2019 年 9 月 1—9 日 7—16 时臭氧净生成量观测浓度与臭氧光化学生成量模拟浓度对比如图 4-16 所示,由本地排放及传输而来的臭氧前体物导致的臭氧光化学生成量模拟浓度,每天均高于观测浓度,表明区域性光化学反应对臭氧浓度的影响很大,但生成的臭氧污染物在风力作用下部分被清除,其余的继续向下风向区域输送。

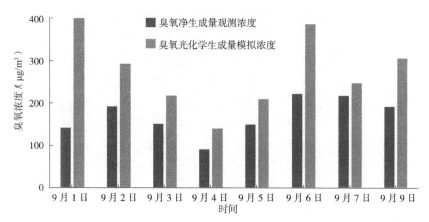

图 4-16　2019 年 9 月 1—9 日 7—16 时臭氧净生成量观测浓度与臭氧光化学生成量模拟浓度对比

4.2.3　高空臭氧污染对近地面臭氧浓度的影响

　　当天津市高空臭氧污染物出现强烈的下沉对流现象时,能够对近地面空气质量造成严重的影响,导致近地面臭氧污染程度明显加深。如图 4-10、4-14 所示,在 2019 年 9 月上旬的臭氧污染过程中,在 9 月 3 日、7 日 18—19 时,9 月 3 日 12—13 时,臭氧的光化学生成量模拟浓度明显低于观测浓度,同时可以在臭氧激光雷达观测结果中观测到高空臭氧污染物出现明显的下沉运动趋势,表明高空臭氧污染对近地面空气质量造成了较大的影响。根据图 4-10、4-14 所示结果,在 9 月 3 日、7 日 18—19 时臭氧观测浓度较光化学生成量模拟浓度分别较观测浓度偏高 134 μg/m³、149 μg/m³,在 9 月 3 日 11—13 时约偏高 100 μg/m³。2019 年 9 月 3 日、7 日臭氧垂直分布与近地面浓度分别如图 4-17、4-18 所示,可以发现其偏高程度主要受高空臭氧污染物下沉对流的影响。

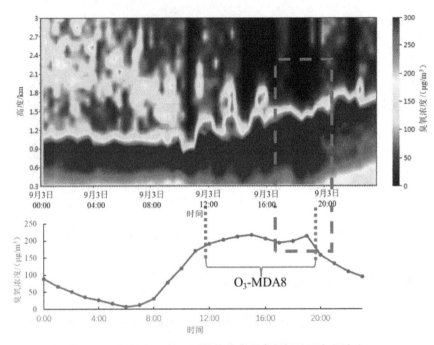

图 4-17　2019 年 9 月 3 日臭氧垂直分布与近地面臭氧浓度

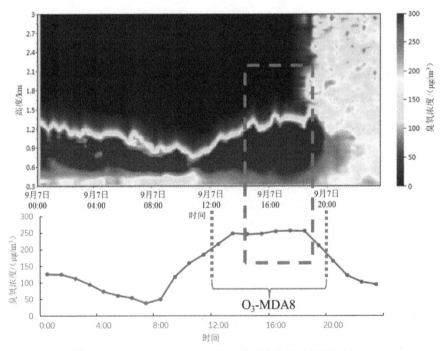

图 4-18　2019 年 9 月 7 日臭氧垂直分布与近地面臭氧浓度

可使用 OBM 计算得出每小时臭氧光化学生成的增量,近似绘制剔除高空臭氧垂直对流作用影响后的臭氧浓度日变化直方图,图 4-19、4-20 分别为 2019 年 9 月 3 日、7 日剔除和未剔除高空臭氧污染影响的臭氧浓度日变化直方图。剔除高空臭氧污染影响后,臭氧日最大 8 小时平均浓度(MDA8)分别为 132 μg/m³、224 μg/m³,较实际观测浓度分别降低 73 μg/m³、12 μg/m³,表明在此次臭氧污染过程中,高空臭氧污染物的垂直对流现象对臭氧日最大 8 小时浓度的贡献水平可达 24.4%,对近地面臭氧污染具有不可忽视的影响。

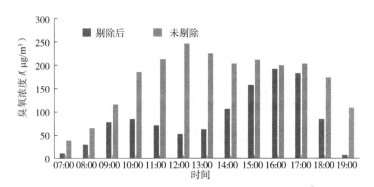

图 4-19 2019 年 9 月 3 日剔除和未剔除高空臭氧污染影响的臭氧日变化

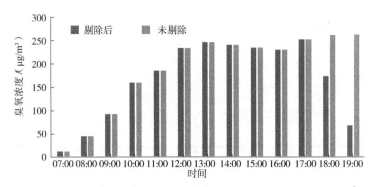

图 4-20 2019 年 9 月 7 日剔除和未剔除高空臭氧污染影响的臭氧日变化

现阶段,由于尚不明确高空臭氧污染的形成机制,对高空臭氧污染问题暂无有效的干预手段,当高空臭氧污染物出现明显的垂直对流现象时,其对近地面臭氧浓度的影响是无法避免的。基于上述研究,我们认为在臭氧污染防治工作中,应当预估高空臭氧污染物对近地面臭氧浓度的贡献水平,这部分臭氧污染物不受前体物减排的影响,只有采取更大力度的减排措施,减少区域性光化学反应臭氧生成量,才能抵消高空臭氧污染对近地面空气质量的影响,实现对臭氧浓度的有效控制。

4.3　臭氧污染光化学敏感性分析

4.3.1　相对增量反应性特征

对 2019 年 9 月 1—9 日的臭氧污染过程,设定不同的减排情境,将各臭氧污染日的人为源 VOCs(AHC)、自然源 VOCs(NHC)、CO、NO_x 源排放效应分别削减 10%,计算各臭氧污染日各污染物的相对增量反应性及臭氧生成潜势变化量。2019 年 9 月 1—9 日每日 AHC、NHC、CO、NO_x 分别减排 10% 情境下的相对增量反应性、臭氧生成潜势变化量分别如图 4-21、4-22 所示。

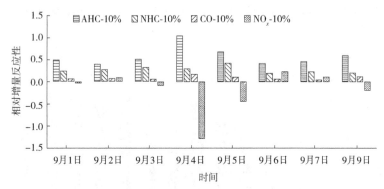

图 4-21　2019 年 9 月 1—9 日每日 AHC、NHC、CO、NO_x 分别减排 10% 情境下的相对增量反应性

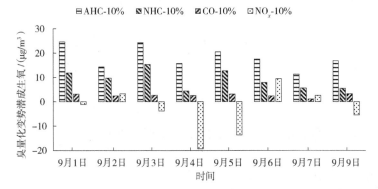

图 4-22　2019 年 9 月 1—9 日每日 AHC、NHC、CO、NO$_x$ 分别减排 10%情境下的臭氧生成潜势变化量

由图 4-21,4-22 可知如下内容。

（1）每日各污染物的源排放对于臭氧的生成均具有不同的相对增量反应性,表明大气光化学反应在不同日期、不同污染、不同气象条件下会表现出明显的差异。

（2）在 9 月 1—9 日期间,每日的 AHC、NHC 和 CO 的相对增量反应性均大于 0,表明这三种污染物的减排有利于臭氧浓度的降低。在此期间每日的 AHC 均具有最大的相对增量反应性,AHC 源排放降低 10%,臭氧生成潜势降低 4%~10%;NHC 源排放降低 10%,臭氧生成潜势降低 2%~4%;CO 对臭氧浓度的影响较小,CO 减排 10%,臭氧生成潜势仅降低 1%~2%。由此可知,AHC 的减排对于臭氧污染防治具有最大的环境效益。

（3）在 9 月 1—9 日期间,臭氧污染过程始终处于 VOCs 控制区,与 NO$_x$ 相比, AHC 源排放的削减,更有利于臭氧浓度的降低。

（4）在 9 月 4 日、5 日清洁时段,NO$_x$ 的相对增量反应性值分别为-1.3、-0.4,表明 NO$_x$ 源排放削减 10%,臭氧生成潜势将分别升高约 19 μg/m³、13 μg/m³,臭氧的光化学反应处于 NO$_x$ 滴定区;在其余的各个臭氧污染日,NO$_x$ 的相对增量反应性处于-0.2~0.2 之间,NO$_x$ 源排放削减 10%时,臭氧生成潜势的变化量在-6~9 μg/m³ 之间,NO$_x$ 对臭氧污染的影响相对较小。上述现象表明,随着臭氧污染的加重,NO$_x$ 减排对臭氧污染影响的负效应逐渐降低,臭氧光化学反应由 NO$_x$ 滴定区向普通的

VOCs 控制区转变。

总体而言，VOCs 减排对臭氧污染的改善具有最大的正效应，NO_x 减排对臭氧污染产生的影响较为复杂。当天津市臭氧光化学反应处于 NO_x 滴定区时，NO_x 减排会导致臭氧污染恶化。

4.3.2　单项污染物的减排对臭氧生成潜势的影响

针对此次污染过程中出现的 NO_x 滴定区和普通的 VOCs 控制区类型，分别研究臭氧前体物（VOCs、NO_x）减排对臭氧生成潜势的影响。

1. NO_x 滴定区

以 9 月 4 日为例，当日臭氧的生成反应处于 NO_x 滴定区，NO_x 源排放的削减对于臭氧浓度的降低具有最大的负效应。当日 AHC、NO_x 不同减排比例与臭氧生成潜势的变化关系如图 4-23 所示。可以发现，随着 AHC 减排比例逐渐增大，臭氧生成潜势呈下降趋势，AHC 源排放每削减 10%，臭氧生成潜势降低 8%~10%。而随着 NO_x 减排比例逐渐增大，臭氧生成潜势则出现先升高后降低的变化趋势，当 NO_x 减排比例小于 30% 时，NO_x 源排放每削减 10%，臭氧生成潜势升高 10%~13%；当 NO_x 减排比例达 40% 时，臭氧生成潜势出现最大值，较未减排时累计约升高 40.2%；当 NO_x 减排比例继续增大时，臭氧生成潜势逐渐降低。

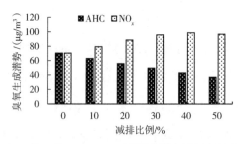

图 4-23　2019 年 9 月 4 日 AHC、NO_x 不同减排比例与臭氧生成潜势的关系

2.普通的 VOCs 控制区

以 9 月 6 日为例,当日臭氧的生成反应处于 VOCs 控制区,当日 AHC、NO_x 不同减排比例与臭氧生成潜势的变化关系如图 4-24 所示。可以发现,随着 VOCs 或 NO_x 减排比例逐渐增大,臭氧生成潜势均呈下降趋势,且降幅逐渐增大。其中,AHC 源排放每削减 10%,臭氧生成潜势降幅由 4% 逐渐升高至 7%;而 NO_x 源排放每削减 10%,臭氧生成潜势降幅由 2% 逐渐升高至 6%。总体来讲,AHC 减排对于臭氧浓度的降低具有更大的影响。

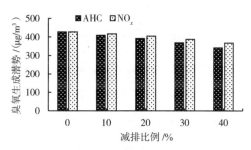

图 4-24　2019 年 9 月 6 日 AHC、NO_x 不同减排比例与臭氧生成潜势的关系

4.3.3　AHC、NO_x 减排对臭氧 8 小时浓度的影响

根据观测经验,天津市臭氧日最大 8 小时平均浓度(MDA8)多出现在 12—19 时,通过 OBM 设定不同的 VOCs、NO_x 减排情境组合,研究在不同的控制区下,臭氧污染在 12—19 时的 8 小时浓度变化情况。

1.NO_x 具有最小相对增量反应性情况

在 2019 年 9 月 1—9 日的臭氧污染过程中,9 月 4 日 NO_x 具有最小的相对增量反应性,NO_x 减排对臭氧浓度降低具有最大的负效应,因此以当日污染情况、气象条件为例,建立臭氧 8 小时浓度对 AHC、NO_x 排放比例的等值线图(EKMA 图),结果如图 4-25 所示。从图中可以发现,若 AHC 排放比例保持不变,NO_x 在任意排放比例下,臭氧 8 小时浓度均高于不减排的情况。

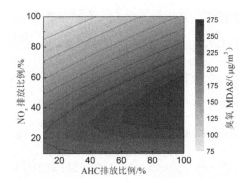

图 4-25　2019 年 9 月 4 日臭氧 8 小时浓度对 AHC、NO$_x$ 排放比例的 EKMA 图

图 4-26 所示为 2019 年 9 月 4 日在 NO$_x$ 不同减排幅度下臭氧 8 小时浓度与 AHC 减排比例的变化关系,其中虚线为 AHC、NO$_x$ 均无减排时的臭氧 8 小时浓度模拟值。由图可知,当 NO$_x$ 减排比例分别为 10%、20%、30%时,为抵消 NO$_x$ 对臭氧浓度升高造成的影响,保持臭氧 8 小时浓度不变,AHC 减排比例分别约需要达到 22%、45%、66%,即 AHC 与 NO$_x$ 减排比例之比应大于 2.3∶1。若要保证臭氧 8 小时浓度降低 5%,在 NO$_x$ 减排比例分别为 10%、20%、30%时,AHC 减排比例分别约需要达到 37%、58%、79%,这表明在不对 NO$_x$ 大幅减排的情境下,AHC 与 NO$_x$ 减排比例之比应大于 3.7∶1。

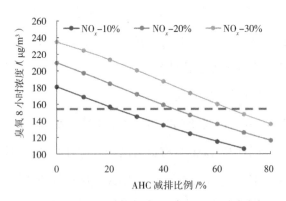

图 4-26　2019 年 9 月 4 日在 NO$_x$ 不同减排幅度下,臭氧 8 小时浓度与 AHC 减排比例的关系

2. 中度污染天气情况

在 2019 年 9 月 1—9 日的臭氧污染过程中，9 月 6—7 日出现中度污染天气，对这两日分别建立臭氧 8 小时浓度对 AHC、NO_x 排放比例的 EKMA 图，分别如图 4-27、4-28 所示。由图 4-21 可知，NO_x 的相对增量反应性大于 0，但随着 NO_x 的减排，臭氧 8 小时浓度依然出现先升高、后降低的变化趋势，这是由于相对增量反应性表示臭氧净生成与 NO 净消耗的综合作用，与臭氧浓度间存在一定的差异。图 4-27、4-28 中的结果表明，在无 NO_x 减排的情况下，如将当日污染程度降至轻度污染水平，AHC 减排比例须达到 35% 左右；若将当日污染程度降至良，则难以达到。

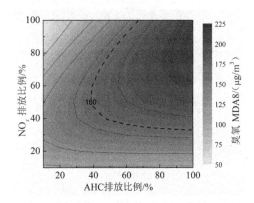

图 4-27　2019 年 9 月 6 日臭氧 8 小时浓度对 AHC、NO_x 排放比例的 EKMA 图

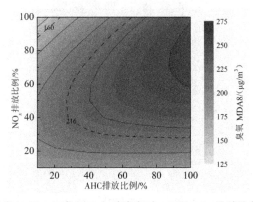

图 4-28　2019 年 9 月 7 日臭氧 8 小时浓度对 AHC、NO_x 排放比例的 EKMA 图

3. 轻度污染天气情况

在 2019 年 9 月 1—9 日的臭氧污染过程中，9 月 1—3 日、9 日出现轻度污染天气，对 9 月 1—3 日分别建立臭氧 8 小时浓度对 AHC、NO_x 排放比例的 EKMA 图，分别如图 4-29、4-30、4-31 所示（其中 9 月 9 日 NO_x 减排比例达到 30% 后，未能获得计算结果）。模拟的 3 个轻度污染日的污染过程与中度污染日的情况相似，随着 NO_x 的减排，臭氧 8 小时浓度出现先升高、后降低的变化趋势。图中结果表明，在无 NO_x 减排的情况下，如将当日污染程度降至良，AHC 排放比例应控制在 10%~30%。

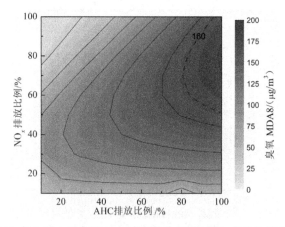

图 4-29　2019 年 9 月 1 日臭氧 8 小时浓度对 AHC、NO_x 排放比例的 EKMA 图

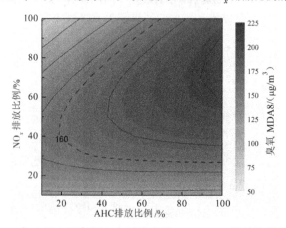

图 4-30　2019 年 9 月 2 日臭氧 8 小时浓度对 AHC、NO_x 排放比例的 EKMA 图

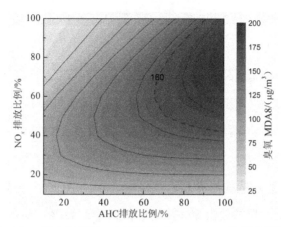

图4-31 2019 年 9 月 3 日臭氧 8 小时浓度对 AHC、NO$_x$ 排放比例的 EKMA 图

4.3.4 AHC 减排对臭氧污染的影响

以 2019 年 9 月上旬的轻度污染天气为例,研究 AHC 中烷烃、烯烃、芳香烃化合物减排对臭氧污染的影响。烷烃、烯烃、芳香烃减排比例对臭氧 8 小时浓度的影响如图 4-32 所示。可以发现,三类 VOCs 的减排均能引起臭氧 8 小时浓度的降低,三类 VOCs 对臭氧 8 小时浓度的影响能力由大到小排序为烯烃、芳香烃、烷烃。三类 VOCs 减排比例均为 10% 导致的臭氧 8 小时浓度变化量比例为烷烃:烯烃:芳香烃 =1:6:1.5,表明在现阶段,开展烯烃类污染物减排工作,对于天津市臭氧污染的防治具有最大的效益,芳香烃减排的效益次之,烷烃减排的效益最小。

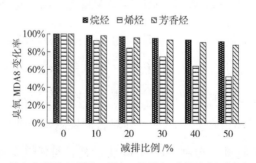

图4-32 2019 年 9 月上旬污染日烷烃、烯烃、芳香烃减排比例对臭氧 8 小时浓度的影响

基于上述结果,针对在线监测可获得的 VOCs 污染物的数据,分别评估各 VOCs

污染物对臭氧浓度的影响,2019 年 9 月上旬污染日各 VOCs 污染物单独减排 10%造成的臭氧 8 小时浓度变化率如图 4-33 所示,当每种 VOCs 污染物分别减排 10%时,可以发现乙烯和丙烯能够造成臭氧浓度最大幅度降低,降幅均在 1%以上;其余 VOCs 污染物在 10%的减排情境下,能够造成的臭氧浓度降幅均小于 1%。在各 VOCs 污染物中,除乙烯、丙烯外,对臭氧浓度影响最大的前 10 种 VOCs 污染物还包括 1-己烯、邻二甲苯、间/对二甲苯、正戊烷、丙烷、异戊烷、苯乙烯、2,2-二甲基丁烷,这些 VOCs 污染物能够造成的臭氧浓度降幅为 0.2%~0.8%。在各 VOCs 污染物中,乙烯、丙烯、邻/间/对二甲苯仅占 VOCs 污染物总量的 3.6%、2.6%、4.3%,但对臭氧浓度变化具有明显的影响,表明天津市目前应重点针对乙烯、丙烯以及二甲苯等物质进行减排。

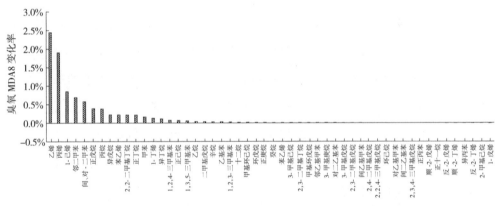

图 4-33　2019 年 9 月上旬污染日各 VOCs 污染物单独减排 10%造成的臭氧 8 小时浓度变化率

表 4-9 所示是对臭氧污染起主要贡献的 VOCs 污染物的主要排放行业,其中石油炼制与石油化学行业对乙烯、丙烯、甲苯、二甲苯等 VOCs 污染物的产生均有贡献,黑色金属冶炼行业对乙烯、丙烷、甲苯、二甲苯、异戊烷等 VOCs 污染物的产生均有贡献。由表 4-9 可知,天津市在夏季应重点针对石油炼制与石油化学、黑色金属冶炼等行业进行 VOCs 污染物排放控制。图 4-34 所示是各类机动车移动源 VOCs 污染物的排放特征,可知移动源对于芳香烃、炔烃及烷烃的排放具有重要的贡献。由于该研究的目观测点位临近市区主干道,此处空气质量明显受到周边移动源排放的影响,可

知移动源 VOCs 污染物排放对于本地臭氧污染也具有不可忽视的影响。

表 4-9　对臭氧污染起主要贡献的 VOCs 污染物的主要排放行业

VOCs 污染物	主要排放行业
乙烯	石油炼制与石油化学、黑色金属冶炼
丙烯	石油炼制与石油化学、医药制造
丙烷	黑色金属冶炼
甲苯	全部重点行业
二甲苯	全部重点行业
异戊烷	黑色金属冶炼

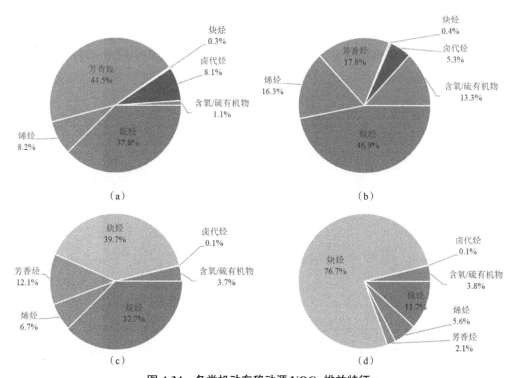

图 4-34　各类机动车移动源 VOCs 排放特征

（a）出租车；（b）公交车；（c）摩托车；（d）LPG（液化石油气）助动车

综上所述，可知烯烃类物质在天津市 VOCs 污染物总量中占比虽小，但对臭氧生成具有最大的影响;部分高活性的芳香烃类物质(如二甲苯等),对臭氧污染也有较大的贡献;针对烯烃、芳香烃类物质进行减排,对于臭氧污染防治具有最大的环境效益。烷烃类物质由于总浓度高,对臭氧的生成具有一定的贡献,但在相同的减排比例下,造成的臭氧浓度降幅最小。从臭氧污染防治的成效来讲,天津市在未来应针对高活性的 VOCs 污染物(如乙烯、丙烯、二甲苯等)开展防治工作,着力控制石油炼制与石油化学、黑色金属冶炼等行业的 VOCs 污染物排放,同时应加强机动车移动源污染防治。

第5章　城市臭氧污染管控策略及建议

基于本书作者在天津市开展的各项臭氧污染观测与分析研究,结合其他相关研究工作,针对天津市及其他京津冀地区城市臭氧污染的防治提出如下建议。

第一,高空臭氧污染一直是环境管理工作中的治理盲区。在天津市的观测结果表明,高空存在严重的臭氧污染问题,在垂直高度约 1 000 m 处,可观测到厚度为数百至上千米、持续时间长达数天的臭氧污染带,即使在夜间也无法完全消散,近地面臭氧浓度仅为此处臭氧浓度的 48%。建议环保部门将对高空臭氧分布特征的监测纳入空气质量的长期监测工作,进一步研究高空臭氧污染特征及其对近地面空气质量的影响。

第二,在臭氧污染防治工作中,应密切监控大气在垂直方向的对流运动,预先评估高空臭氧污染对近地面臭氧浓度的贡献。本工作的观测与模拟分析结果表明,高空臭氧污染物可以频繁地通过大气的垂直对流运动对近地面空气质量造成严重影响,这一现象对臭氧日最大 8 小时浓度的贡献水平可达 24.4%。这部分臭氧污染物不受前体物减排的影响,只有提早采取更大力度的减排措施,减少区域性光化学反应臭氧生成量,才能抵消高空臭氧污染对近地面空气质量的影响,实现对臭氧浓度的有效控制。

第三,当天津市受到西南/南风主导风向控制时,多出现轻、中度污染天气,臭氧污染物的区域传输作用对天津市臭氧浓度产生明显的影响。在此类天气下,需要严防臭氧污染加重。同时建议京津冀地区加强协同减排,在西南/南风条件下,共同减少区域内污染物排放水平,使该风向下的区域性臭氧污染问题得到缓解。

第四,京津冀地区臭氧污染一般处于 VOCs 控制区,在部分时段会处于 NO_x 滴定区,这与相关文献的报道是一致的。VOCs 污染物减排对控制臭氧污染具有最大的正效应，NO_x减排对臭氧污染产生的影响较为复杂，当臭氧光化学反应处于NO_x滴定区时，NO_x减排反而会导致臭氧污染恶化。

第五，为保证臭氧污染水平不出现大幅反弹，天津市应控制AHC与NO_x减排比例之比大于2.3：1；如要保证臭氧8小时浓度降低5%，在NO_x不发生大幅减排的情境下，AHC与NO_x减排比例之比应大于3.7：1。在臭氧轻度污染天气、无NO_x减排的情况下，如欲将当日污染程度降至良，AHC减排比例应控制在10%~30%；在臭氧中度污染天气、无NO_x减排的情况下，如欲将当日污染程度降至轻度污染，AHC减排比例须达35%左右。

第六，现阶段开展烯烃类VOCs污染物的减排工作，对于臭氧污染防治具有最大的环境效益。在天津市目前的污染情况、气象条件下，乙烯和丙烯分别减排10%，均能使臭氧浓度降幅超过1%，对臭氧污染影响最大。此外，1-己烯、正戊烷、丙烷、异戊烷、苯乙烯，2，2-二甲基丁烷等物质的减排对臭氧浓度的降低也具有一定的作用。从臭氧污染防治的成效来讲，未来应针对高活性的VOCs污染物（如乙烯、丙烯、二甲苯等）开展防治工作，着力控制石油炼制与石油化学、黑色金属冶炼等行业的VOCs污染物排放，同时应加强机动车移动源污染防治。

参考文献

[1] YAN M L, LIU Z R, LIU X T, et al. Meta-analysis of the Chinese studies of the as-
     sociation between ambient ozone and mortality [J]. Chemosphere, 2013, 93: 899-
     905.

[2] WANG T, WEI X L, DING A J, et al. Increasing surface ozone concentrations in
     the background atmosphere of Southern China, 1994-2007 [J]. Atmospheric chemis-
     try and physics, 2009, 9: 6217-6227.

[3] DEVLIN R B, DUNCAN K E, JARDIM M, et al. Controlled exposure of healthy
     young volunteers to ozone causes cardiovascular effects [J]. Circulation, 2012, 126
     (1): 104-111.

[4] MCDONNELL W F, STEWART P W, ANDREONI S, et al. Prediction of
     ozone-induced FEV1 changes: effects of concentration, duration, and ventilation
     [J]. American journal of respiratory and critical care medicine, 1997, 156: 715-722.

[5] ZHANG J Y, CHEN Q, WANG Q Q, et al. The acute health effects of ozone and
     $PM_{2.5}$ on daily cardiovascular disease mortality: a multi-center time series study in
     China [J]. Ecotoxicology and environmental safety, 2019, 174: 218-223.

[6] LI J, YIN P, WANG L J, et al. Ambient ozone pollution and years of life lost: as-
     sociation, effect modification, and additional life gain from a nationwide analysis in
     China [J]. Environment international, 2020, 141: 105771.

[7] JERRETT M, BURNETT R T, POPE C R, et al. Long-term ozone exposure and
     mortality[J]. The new England journal of medicine, 2009, 360(11): 1085-1095.

[8] SREBOT V, GIANICOLO E, RAINALDI G, et al. Ozone and cardiovascular inju-

ry[J]. Cardiovascular ultrasound, 2009, 7(1): 1-8.

[9]   TURNER M C, JERRETT M, POPE C A, et al. Long-term ozone exposure and mortality in a large prospective study [J]. American journal of respiratory and critical care medicine, 2016, 193(10): 1134-1142.

[10] MAJI K J, YE W F, ARORA M, et al. Ozone pollution in Chinese cities: assessment of seasonal variation, health effects and economic burden [J]. Environmental pollution, 2019, 247: 792-801.

[11] HUANG J, PAN X C, GUO X B, et al. Health impact of China's air pollution prevention and control action plan: an analysis of national air quality monitoring and mortality data[J]. The lancet planetary health, 2018, 2: e313-e323.

[12] 陈菁,彭金龙,许彦森. 北京市 2014—2020 年 $PM_{2.5}$ 和 O_3 时空分布与健康效应评估[J]. 环境科学, 2021, 42(9): 4071-4082.

[13] WANG W N, CHEN T H, GU X F, et al. Assessing spatial and temporal patterns of observed ground-level ozone in China [J]. Scientific reports, 2017, 7: 3651.

[14] ZHENG B, TONG D, LI M, et al. Trends in China's anthropogenic emissions since 2010 as the consequence of clean air actions [J]. Atmospheric chemistry and physics, 2018, 18(19): 14095-14111.

[15] FU Y, LIAO H, YANG Y. Interannual and decadal changes in tropospheric ozone in China and the associated chemistry-climate interactions: a review [J]. Advances in atmospheric sciences, 2019, 36(9): 975-993.

[16] LYU X P, WANG N, GUO H, et al. Causes of a continuous summertime O_3 pollution event in Ji'nan, a central city in the North China Plain [J]. Atmospheric chemistry and physics, 2019, 19(5): 3025-3042.

[17] 解淑艳,霍晓芹,曾凡刚,等. 2015—2019 年汾渭平原臭氧污染状况分析 [J]. 中国环境监测,2021, 37(1): 49-57.

[18] 李红丽,王杨君,黄凌,等. 中国典型城市臭氧与二次气溶胶的协同增长作用分析 [J]. 环境科学学报,2020, 40(12): 4368-4379.

[19] THOMPSON A M, YORKS J E, MILLER S K, et al. Tropospheric ozone sources and wave activity over Mexico City and Houston during ILAGRO/Intercontinental Transport Experiment（INTEX-B）Ozonesonde Network Study, 2006（IONS-06）[J]. Atmospheric chemistry and physics, 2008, 8: 5113-5125.

[20] LI G H, BEI N F, CAO J J, et al. Widespread and persistent ozone pollution in eastern China during the non-winter season of 2015: observations and source attributions [J]. Atmospheric chemistry and physics, 2017, 17: 2759-2774.

[21] NEU U, KUNZLE T, WNNER H. On the relation between ozone storage in the residual layer and daily variation in near-surface ozone concentration: a case study [J]. Boundary-layer meteorology, 1994, 69: 221-247.

[22] NEWCHURCH M J, AYOUB M A, OLTMANS S, et al. Vertical distribution of ozone at four sites in the United States [J]. Journal of geophysical research, 2003, 108: 4031.

[23] DUFOUR G, EREMENKO M, BEEKMANN M, et al. Lower tropospheric ozone over the North China Plain: variability and trends revealed by IASI satellite observation for 2008-2016 [J]. Atmospheric chemistry and physics, 2018, 18:16439-16459.

[24] 王跃思,宫正宇,刘子锐,等. 京津冀及周边地区大气污染综合立体观测网的建设与应用 [J]. 环境科学研究, 2019, 32(10): 1651-1663.

[25] 刘文清,谢品华,胡肇焜,等. 大气环境高灵敏光谱探测技术 [J]. 环境监控与预警, 2019, 11(5): 1-7.

[26] 高朋. 基于拉曼激光雷达的大气温湿度同步探测与研究 [D]. 西安:西安理工大学, 2014.

[27] 刘君. 大气温度及气溶胶激光雷达探测技术研究 [D]. 西安:西安理工大学,

2008.

[28] 王玉诏,郑永超. 星载大气探测激光雷达技术与应用 [J]. 上海航天(中英文),
　　 2020, 37(5): 125-134.

[29] 伍德侠,宫正宇,潘本锋,等. 颗粒物激光雷达在大气复合污染立体监测中的应
　　 用 [J]. 中国环境监测, 2015, 31(5): 156-162.

[30] 程庆岚,黄飞,曹开法,等. 气溶胶激光雷达系统研制及在大气监测中应用 [J]. 电
　　 子测量技术, 2020, 43(23): 139-144.

[31] 肖铃. 基于 CCD 成像的激光雷达自动对光技术研究 [D]. 合肥:中国科学技术大
　　 学, 2016.

[32] 车昕. 激光雷达在大气环境监测和气象中的应用研究 [J]. 化工管理, 2020(26):
　　 122-123.

[33] 梁晓峰,杨泽后,王顺艳,等. 基于差分吸收激光雷达有毒有害气体遥测进展 [J].
　　 激光技术, 2021, 45(1): 53-60.

[34] 陈玉宝,王箫鹏,步志超,等. 超大城市试验气溶胶激光雷达标定及结果分析 [J].
　　 激光技术, 2022, 46(4): 435-443.

[35] 桑悦洋,初奕琦,刘喆,等. 基于激光雷达数据对混合层高度与细颗粒物浓度关
　　 系的研究 [J]. 北京大学学报(自然科学版), 2022, 58(3): 412-420.

[36] 王存贵,李成才,贺千山,等. 结合激光雷达评估常规探空资料反演青藏高原混
　　 合层高度的适用性 [J]. 北京大学学报(自然科学版), 2017, 53(3): 579-587.

[37] 何秦,郑硕,秦凯,等. 基于车载激光雷达走航观测的石家庄及周边地区气溶胶
　　 空间分布特征 [J]. 红外与激光工程, 2020, 49(S2): 229-235.

[38] 邱坚,田苗苗,张先宝,等. 基于激光雷达分析 2020 年冬季镇江地区一次大气污
　　 染过程 [J]. 中国环境监测, 2021, 37(5): 201-208.

[39] 王治华,王宏波,何捷,等. Mie 散射激光雷达研究成都地区大气边界层结构 [J].
　　 激光杂志, 2008, 29(2): 36-38.

[40] 张帅,王明,施奇兵,等. 2019 年—2020 年秋、冬季淮南市灰霾过程拉曼-米气溶胶雷达观测研究 [J]. 光谱学与光谱分析, 2021, 41(8): 2484-2490.

[41] 李正强,许华,张莹,等. 北京区域 2013 严重灰霾污染的主被动遥感监测 [J]. 遥感学报, 2013, 17(4): 919-928.

[42] 丁辉. 利用微脉冲激光雷达(MPL)探测气溶胶消光系数廓线和大气混合层高度的初步研究[D]. 南京:南京信息工程大学, 2012.

[43] 夏俊荣,张镭. Mie 散射激光雷达探测大气气溶胶的进展 [J]. 干旱气象, 2006, 24(4): 68-72.

[44] 杨义彬. 激光雷达技术的发展及其在大气环境监测中的应用 [J]. 成都信息工程学院学报, 2005, 20(6): 725-727.

[45] 刘秋武,王晓宾,陈亚峰,等. 基于染料激光器的差分吸收激光雷达探测大气 NO_2 浓度 [J]. 光学学报, 2017, 37(4): 0428004.

[46] 马昕,史天奇. 利用差分吸收激光雷达探测二氧化碳浓度廓线 [J]. 武汉大学学报(信息科学版), 2022, 47(3): 412-418.

[47] ROWLAND F S. Stratospheric ozone in the 21st Century: the chlorofluorocarbon problem[J]. Environmental science and technology, 1991, 25(4): 622-628.

[48] SOLOMON P, BARRETT J, CONNOR B, et al. Seasonal observations of chlorine monoxide in the stratosphere over Antarctica during the 1996-1998 ozone holes and comparison with the SLIMCAT three-dimensional model [J]. Journal of geophysical research, 2000, 105(D23): 28979-29001.

[49] YIN S R, WANG W R. Effect of atmospheric scintillation on SNR of differential absorption lidar system [J]. Journal of electronic science and technology of China, 2004, 4: 21-24.

[50] UCHINO O, TABATA I. Mobile lidar for simultaneous measurements of ozone, aerosols, and temperature in the stratosphere [J]. Applied optics, 1991, 30(15):

2005-2012.

[51] UCHINO O, MAEDA M, YAMAMURA H, et al. Observation of stratospheric vertical ozone distribution by a XeCl lidar [J]. Journal of geophysical research, 1983, 88(C9): 5273-5280.

[52] OVERMAN S A, THOMAS G J. Raman spectroscopy of the filamentous virus Ff (fd, f1, M13): structural interpretation for coat protein aromatics [J]. Biochemistry, 1995, 34(16): 5440-5451.

[53] KOVALEV V A, BRISTOW M P, MCELROY J L. Nonlinear-approximation technique for determining vertical ozone-concentration profiles with a differential-absorption lidar [J]. Applied optics, 1996, 35(24): 4803-4811.

[54] WANG Z, NAKANE H, HU H L, et al. Three-wavelength dual differential absorption lidar method for stratospheric ozone measurements in the presence of volcanic aerosols [J]. Applied optics, 1997, 36(6): 1245-1252.

[55] DE TOMASI F, PERRONE M R, PROTOPAPA M L. Monitoring O_3 with solar-blind Raman lidars [J]. Applied optics, 2001, 40(9): 1314-1320.

[56] MCGEE T J, GROSS M, FERRARE R, et al. Raman dial measurements of stratospheric ozone in the presence of volcanic aerosols [J]. Geophysical research letters, 1993, 20(10): 955-958.

[57] MCGEE T J, TWIGG L, SUMNICHT G, et al. AROTAL ozone and temperature vertical profile measurements from the NASA DC-8 during the SOLVE Ⅱ Campaign [R]. NASA technical reports server, 2004.

[58] 刘文清,张天舒,董云生,等. 激光雷达监测工业污染源颗粒物输送通量 [J]. 光学技术, 2010, 36(1): 29-32.

[59] YUE G K, POOLE L R, MCCORMICK M P, et al. Comparing simultaneous stratospheric aerosol and ozone lidar measurements with SAGE Ⅱ data after the

Mount Pinatubo Eruption [J]. Geophysical research letters, 1995, 22（14）: 1881-1884.

[60] KUANG S, BURRIS J F, NEWCHURCH M J, et al. Differential absorption lidar to measure subhourly variation of tropospheric ozone profiles [J]. IEEE transactions on geoscience and remote sensing, 2011, 49(1): 557-571.

[61] GODIN S M, MÉGIE G, PELON J. Systematic lidar measurements of the stratospheric ozone vertical distribution [J]. Geophysical research letters, 1989, 16(6): 547-550.

[62] BEYERLE G, MCDERMID I S. Altitude range resolution of differential absorption lidar ozone profiles [J]. Applied optics, 1999, 38(6): 924-927.

[63] 吴永华,胡欢陵,胡顺星,等.激光雷达探测平流层中上部大气密度和温度 [J].量子电子学报, 2000, 17(5): 426-431.

[64] 张寅超,胡欢陵,谭锟,等. AML-1车载式大气污染监测激光雷达样机研制 [J].光学学报, 2004, 24(8): 1025-1031.

[65] 曹开法,胡顺星. AML-2车载激光雷达测量边界层污染物分布廓线 [J].大气与环境光学学报, 2011, 6(2): 146-153.

[66] 曹念文,谢银海,祝存兄,等.二氧化硫-臭氧-气溶胶多波长差分吸收激光雷达同时观测[J].光学技术,2015,41(4): 289-295.

[67] 屈凯峰,张寅超,陶宗明,等.车载测污激光雷达探测近地面层臭氧 [J].量子电子学报,2006,23(3): 365-368.

[68] 徐玲,卜令兵,蔡镐泽,等.中红外差分吸收激光雷达 NO_2 测量波长选择及探测能力模拟 [J].红外与激光工程, 2018, 47(10): 77-84.

[69] 胡欢陵,王志恩,吴永华,等.紫外差分吸收激光雷达测量平流层臭氧 [J].大气科学, 1998, 22(5): 701-708.

[70] 胡顺星,胡欢陵,周军,等.差分吸收激光雷达测量对流层臭氧 [J].激光技术,

2001, 25(6): 406-409.

[71] CHI X Y, LIU C, XIE Z Q, et al. Observations of ozone vertical profiles and corresponding precursors in the low troposphere in Beijing, China [J]. Atmospheric research, 2018, 213: 224-235.

[72] 阎守政,刘畅,陈建宇,等. 大连市夏季典型点位臭氧激光雷达垂直监测结果分析[J]. 环境保护与循环经济, 2023, 43(10): 88-93.

[73] 王馨琦,张天舒,裴成磊,等. 差分吸收激光雷达监测广州市臭氧垂直分布特征 [J]. 中国激光, 2019, 46(12): 279-287.

[74] 吴八一,满峰浩,李梅秀,等. 差分吸收激光雷达监测阿拉善盟大气臭氧时空分布特征 [J]. 环境工程, 2023,41(S2): 306-309, 312.

[75] 范广强,张天舒,付毅宾,等. 差分吸收激光雷达监测北京灰霾天臭氧时空分布特征[J]. 中国激光,2014,41(10): 247-254.

[76] 苑克娥,张世国,胡顺星,等. 对流层低层臭氧的差分吸收激光雷达测量[J]. 强激光与粒子束,2013,25(3): 553-556.

[77] 孙思思,丁峰,陆晓波,等. 南京市典型臭氧污染过程的激光雷达垂直观测解析 [J]. 环境监测管理与技术,2018,30(3): 60-63.

[78] 项衍,刘建国,张天舒,等. 基于差分吸收激光雷达和数值模式探测杭州夏季臭氧分布 [J]. 光学精密工程, 2018, 26(8): 1882-1887.

[79] XING C Z, LIU C, WANG S S, et al. Observations of the vertical distributions of summertime atmospheric pollutants and the corresponding ozone production in Shanghai, China [J]. Atmospheric chemistry and physics, 2017, 17(23): 14275-14289.

[80] ROTHE K W, BRINKMANN U, WALTHER H. Applications of tunable dye lasers to air pollution detection: measurement of atmospheric NO_2 concentrations by differential absorption [J]. Applied physics, 1974, 10(9): 678.

[81] GERY M W, WHITTEN G Z, KILLUS J P, et al. A photochemical kinetics mechanism for urban and regional scale computer modeling [J]. Journal of geophysical research, 1989, 94: 12925-12956.